"十四五"职业教育国家规划教材

园林植物有害生物控制

Yuanlin Zhiwu Youhai Shengwu Kongzhi

园林绿化专业

孙丹萍　黄少彬　主编

高等教育出版社·北京

内容简介

本书是"十四五"职业教育国家规划教材,是依据教育部《中等职业学校园林绿化专业教学标准(试行)》,并参照园林绿化行业标准,按照"理实一体化""做中学、做中教"等职业教育教学理念编写的。

本书按照项目—任务体例编写,以"走进'园林植物有害生物控制'课程"开篇,主要分6个项目,包括探索昆虫世界、园林植物害虫防治技术、园林植物常见害虫和其他有害动物及其防治、园林植物病害症状类型及侵染途径、常用杀菌剂及其应用、园林植物常见病害及其防治。全书简明扼要,知识点清晰,技能训练可操作性强。"知识学习"板块按照中职学生认知规律、结合园林业实际工作讲述,并通过各"能力培养"板块学习最基本的药剂、药械使用技术,以及园林植物病虫害的防控技术,将园林植物病虫害知识与实践中的有害生物控制技术紧密相连,提高了知识的应用性及知识、技能学习的高效性。

本书配有学习卡资源,请登录 Abook 网站 http://abook.hep.com.cn/sve 获取相关教学资源,详细说明见本书后的"郑重声明"页。

本书适用于中等职业学校园林绿化专业,也可作为园林行业培训教材及在职职工自学用书。

图书在版编目(CIP)数据

园林植物有害生物控制 / 孙丹萍,黄少彬主编 . ——
北京:高等教育出版社,2021.11(2025.8 重印)
园林绿化专业
ISBN 978-7-04-057041-0

Ⅰ . ①园… Ⅱ . ①孙… ②黄… Ⅲ . ①园林植物 – 病虫害防治 – 中等专业学校 – 教材 Ⅳ . ① S436.8

中国版本图书馆 CIP 数据核字(2021)第 192911 号

策划编辑	方朋飞	责任编辑	方朋飞		封面设计	李小璐	版式设计	徐艳妮
插图绘制	黄云燕	责任校对	刘俊艳 胡美萍		责任印制	存 怡		

出版发行	高等教育出版社		网 址	http://www.hep.edu.cn
社 址	北京市西城区德外大街 4 号			http://www.hep.com.cn
邮政编码	100120		网上订购	http://www.hepmall.com.cn
印 刷	北京华联印刷有限公司			http://www.hepmall.com
开 本	889mm×1194mm 1/16			http://www.hepmall.cn
印 张	16.25			
字 数	270 千字			
插 页	6		版 次	2021 年 11 月第 1 版
购书热线	010-58581118		印 次	2025 年 8 月第 3 次印刷
咨询电话	400-810-0598		定 价	39.00 元

前　言

本书是"十四五"职业教育国家规划教材。

绿色，是生命的色彩，是文明的象征。绿色展示了大自然的灵感和魅力，充满绿色的城市才有勃勃生机，才会充满活力。园林绿化能提升人们的生活质量，让生活更美好。但是，园林植物在生长过程中，常常遭受各种有害生物的侵袭，造成巨大经济损失，破坏园林生态景观，必须进行有效控制。

园林植物有害生物控制能力是园林企业植物生产与养护岗位所必需的职业岗位能力之一。根据教育部 2014 年颁布的《中等职业学校园林绿化专业教学标准》，"园林植物有害生物控制"课程是园林绿化专业的一门专业核心课程，依据园林植物保护工岗位需求和课程目标选择教学内容，教学内容与国家职业标准中的职业活动范围、工作内容、技能要求和知识水平相衔接，有机嵌入职业标准和行业标准，以及职业素养、环境意识的培育。本书依据上述专业教学标准要求组织教学内容，以尊重自然、顺应自然、保护自然为内在要求，以培养德才兼备的高素质人才为目标，教材结构及体例以典型工作任务为引领，以学习项目为载体，努力体现"做中学、做中教""理实一体化"的教学理念，遵循认知规律，反映行业一线人才培养需求，易学易懂。本书总结多年从事园林植物有害生物控制的教学和生产实践的经验，重视科学性，力求全面反映我国园林植物有害生物控制领域的新理念、新管理模式、新治理策略、新技术标准、新的无公害控制技术与方法。本书在使用对象和学历层次上做到"适用"；在与国家职业资格标准和生产实际接轨上做到"实用"；在为教学模式与教学方法手段服务上做到"好用"，使学生既学到应用技术，又为其后续深入学习奠定基础。

根据园林植物保护工的职业岗位能力，全书由6个项目、25个典型工作任务构成，使学生掌握从事园林植物有害生物控制工作所必需的基本知识和基本技能，以解决实际问题为纽带，实现理论与实践、知识与技能、情感与态度的有机整合，培养学生的职业能力和综合职业素养，增强岗位适应性。本书配有学习卡资源，请登录 Abook 网站 http://abook.hep.com.cn/sve，详细说明见本书后的"郑重声明"页。

本课程建议学时数为90，具体学时建议如下表，各校可根据实际情况制订实施计划。

学时建议表

项目	内容	理论学时	实训学时
走进"园林植物有害生物控制"课程		2	
项目1	探索昆虫世界	6	6
项目2	园林植物害虫防治技术	6	8
项目3	园林植物常见害虫和其他有害动物及其防治	12	12
项目4	园林植物病害症状类型及侵染途径	6	6
项目5	常用杀菌剂及其应用	2	4
项目6	园林植物常见病害及其防治	8	12
合计		42	48
总计		90	

本书由孙丹萍、黄少彬任主编，负责教材编写大纲及内容的规划，并对全书进行统稿、定稿；王继煌任副主编，完成项目4、5、6的汇稿。具体编写分工如下：前言、课程导入、项目1由孙丹萍编写，项目2任务2.1、2.2、2.3和2.4由王春艳编写，项目2任务2.5、2.6和项目5由丁莉萍编写，项目3任务3.1、3.2

和 3.3 由李馥纯编写，项目 3 任务 3.4、3.5 和 3.6 由黄少彬编写，项目 4 由王继煌编写，项目 6 任务 6.1、6.2 由张赭苒编写，项目 6 任务 6.3、6.4 由陈岭伟编写。全书图片由黄少彬编辑、处理，彩色图片均为黄少彬原创拍摄作品。

在本书的编写过程中，承蒙河南林业职业学院、广东生态工程职业学院（广东省林业职业技术学校）、广西桂林林业学校、内蒙古扎兰屯林业学校、福建三明林业学校的大力支持，广东省林业科学院黄焕华、华南农业大学林学院温秀军、河南省森林病虫害防治检疫站王平、福建省三明市三元区林业局森林病虫害防治检疫站（以下简称森防站）黄文玲、福建省清流向阳红农林科技发展有限公司郑开红、山东潍坊职业学院丁世民、浙江省陈臻健、内蒙古扎兰屯林业局森防站、扎兰屯农业技术推广中心为我们提供了许多来自生产一线的资料和图片，同时我们也参考了不少教材、专著、文献资料等，谨此一并致以衷心的感谢！

我国地域辽阔，园林植物有害生物种类繁多，由于篇幅所限，书中兼顾南北方地域特点，只收录了发生普遍和危害严重的代表性种类。编者水平有限，加上编写时间仓促，书中难免有不妥之处，敬请读者批评指正，以便修改完善。读者意见反馈信箱：zz_dzyj@pub.hep.cn。

编 者

2023 年 6 月

目 录

走进"园林植物有害生物控制"课程

大千世界，爱美之心人皆有之。人们向往和追求美好事物，喜欢青山绿水、蜂飞蝶舞，更喜欢身边随风摇曳的花花草草。是的，红花绿草的美妙、自然山水的空灵使人身体舒缓，赏心悦目，陶醉其中。但是，大家也会不时看到被虫咬得孔洞颇多的叶片、枯萎的草木、布满白粉或锈粉的植株，使美丽的花草黯然失色。这时，也常常能见到工作人员打药、修整的忙碌身影。

如何能够使园林植物免受侵害，园林工作人员——美丽园林的创建者和守护者采取怎样的技术措施来保证花红草绿、枝叶茂盛呢？让我们走进"园林植物有害生物控制"课程，一起揭开这个谜底。

一、触目惊心的园林植物有害生物侵害

园林植物是指适用于园林绿化的植物种类，包括木本和草本的观花、观叶、观果植物，以及在园林绿地和风景名胜区栽植的防护植物与经济植物。园林植物的作用不仅体现在美化城镇园林风景、改善城市小气候环境、净化空气、降低噪声、遮阳吸尘等方面，还能陶冶情操，促进人们的身心健康，达到天人合一、人与自然和谐相处的美好生活愿望。然而，园林植物在生长发育过程中，常常遭受各种生物的侵害。这类危害园林植物生长发育，造成园林植物缺叶、枯枝、烂根，甚至死亡的生物种类，统称为园林植物有害生物（以下简称有害生物）包括动物、植物、微生物。

本课程所涉及的园林有害生物，主要包括园林绿化中常发生的主要防治对象，即节肢动物门的昆虫和螨类，软体动物门的蜗牛、蛞蝓和鼠妇，以及真菌、细菌、病毒、植原体、线虫和寄生性种子植物等。一般情况下，这些生物受到环境中多重生态因子的影响，其种群数量被控制在一定范围内，对其他生物包括园林植物不会产生大面积的危害，生态系统处于平衡状态。但是，在城镇园林生态系统中，人为的设计建制因素较多，导致各种自然生态因子变化较大，如天敌种类缺失或数量偏少、外来物种的入侵、区域气候条件变化等，园林生态系统就会失衡，造

成有害生物肆虐，导致花草、树木生长不良、残缺不全或凋萎腐烂，甚至枯萎死亡，降低园林的绿化效果和观赏性，严重者将造成生态破坏和重大经济损失。

1. 外来物种的侵害

近年来，外来物种入侵对园林植物的危害较为严重。目前入侵我国并造成危害的主要林业外来有害生物有 38 种，年均发生面积约 280 万公顷，造成直接经济损失 560 多亿元。

例如：薇甘菊是外来入侵植物，是世界上最具危险性的有害植物之一，于 20 世纪 80 年代末传入我国海南、香港地区及广东的内伶仃岛。薇甘菊繁殖能力强，生命力旺盛，攀缘缠绕上灌木和乔木后能迅速覆盖寄主全株，与其他植物强烈争夺土壤中的水分和养分。寄主被全部覆盖后，因光合作用受阻而窒息死亡。在广东的内伶仃岛，发育典型的白桂木 - 刺葵 - 油椎常绿阔叶林群落，除较高大的白桂木外，刺葵以下灌木全被覆盖（图 0-1），长势受到严重影响，群落中灌丛、草本的种类组成明显减少。薇甘菊现已分布于广东、四川、云南等地。薇甘菊主要危害天然次生林、人工林和风景林，对当地 8 m 以下的几乎所有植物造成危害。薇甘菊危害严重的灌木树种有扶桑、白花酸藤果、冬青、盐肤木、九里香、桃金娘、地桃花和狗牙花等，危害较重的乔木树种有荔枝、龙眼、朴树、樟树、桉树和杉木等。

图 0-1　薇甘菊危害状

松材线虫病自 1982 年在南京中山陵发现以来，已在我国的江苏、浙江、安徽、福建、江西、湖北、湖南、广东、广西、贵州、重庆、四川、陕西、山东、河南及香港、台湾等地发生，并流行成灾，每年造成的直接经济损失 30 多亿元，并严重威胁着我国著名的黄山风景区。

美国白蛾于 1979 年在中国辽宁省丹东市首次发现，目前该虫已在北京、辽宁、山东、陕西、河北、河南、天津等地造成危害。2002 年，椰心叶甲在海南省海口市首次被发现，并迅速扩散到该省的 16 个市（县），有 50 多万株椰树被危害，目前椰心叶甲主要分布在我国的广东、广西、海南、云南及香港、台湾等地，主要危害棕榈科植物。锈色棕榈象于 20 世纪 90 年代后期在我国的广东和海南等地发现，现在该虫主要分布于广东、广西、海南、云南、福建、浙江等地。松突圆蚧于 1982 年 5 月首先在广东省珠海市邻近澳门的马尾松林内发现，现在该虫已扩散到广西、福建、江西等地。蔗扁蛾于 1987 年在广东发现，目前已扩散到北京、河北、浙江、福建、江西、山东、广西、海南、新疆等地。

2. 微生物和昆虫的侵害

园林植物遭遇的常见侵害来自微生物造成的病害，以及昆虫等造成的虫害。例如：黄栌秋季叶色变红，鲜艳夺目，是优美的秋季观叶树种。北京市香山公园以其悠久的历史、蔚为壮观的红叶景观闻名中外，其中构成红叶美景的主要树种就是黄栌。然而，由于黄栌白粉病的流行，黄栌叶面布满白粉和黑点，叶片不能正常变红。发病严重时，甚至造成叶片提早脱落，严重影响黄栌生长和秋季红叶观赏效果。

近几年，在合欢树栽培区大范围流行的合欢枯萎病是一种毁灭性病害，从幼苗到大树均可发病，造成大量合欢树枯萎死亡。月季黑斑病、菊花褐斑病、芍药和牡丹的红斑病、香石竹叶斑病等发生普遍而严重。在花木害虫中，以蚧虫、蚜虫、蓟马、粉虱、叶螨为典型代表的刺吸式口器害虫和害螨，由于虫体微小、繁殖力强，致使扩散蔓延快，危害后果严重，不易控制。此外，病毒病在花卉上发生也极普遍，我国 12 个种类的重要花卉几乎都有病毒病。

为保证园林植物的正常生长、发育，有效地发挥其园林功能及绿化效益，控制有害生物的种群和数量是不可缺少的环节，是促使园林植物健康生长，充分发挥其生态效益、社会效益和经济效益的重要保证。

二、园林植物有害生物发生特点及发展趋势

1. 园林植物有害生物的发生特点

（1）园林植物有害生物的种类繁多

品种多样、形形色色的园林植物类群，为有害生物提供了广泛的寄主群体，致使有害生物种类极其繁多。1984年，我国城乡建设环境保护部下达《全国园林植物有害生物、天敌资源普查及检疫对象研究》课题，组织全国43个大中城市植保人员参加此项调查研究工作，于1986年基本完成并鉴定验收。通过普查，确认我国园林植物的病害共有5 500多种，虫害8 260种。近三十年来，随着我国园林绿化事业的迅猛发展，加之外来有害生物的不断入侵，有害生物种类越来越多。特别是2000年以后，年均入侵1种，并呈现入侵速度加快、危害加重的趋势。因此，对植物种苗转运及出入境的检疫工作日益加强，不能掉以轻心。

（2）园林植物有害生物的发生复杂而严重

人为设计的园林植物栽培、配置和造型方式，形成了独特的园林生态环境，但也常常阻断生物类群间的天然联系，使某些园林植物的天敌缺失或数量大为减少，为有害生物提供了适宜的生态位；人为创设的适宜温度、湿度等生态因子，给各种有害生物的发生、传播和交互感染提供了有利条件，致使有害生物种类繁衍成灾。例如，在我国北方园林中，常将圆柏、龙柏与海棠花栽植在一起，或将松树与芍药相邻种植，为海棠锈病和松芍锈病的发生和流行创造了条件。伴随着全球一体化进程的加快，国外园林风格陆续传入我国，园林植物配置和造型方式更加多样化，园林植物品种引进更为频繁，进一步改变了城镇园林绿地原有植物种类及主要有害生物的类群和结构，使园林植物有害生物的发生发展和危害情况更加复杂和严重。

此外，现代化城镇基础设施建设结构复杂，道路交通繁忙，园林植物生长小环境的立地条件差，也会诱发病虫害。

2. 园林植物有害生物研究与控制的发展趋势

我国对园林植物有害生物的研究起步较晚，大量系统而深入的研究工作始于20世纪70年代末80年代初。随着城镇园林绿化事业的迅速发展，全国各大农林科研院所、大中专院校专业人员对园林生产上危害严重的有害生物进行了科学研究，掌握了有害生物的发生发展规律，并提出了可行的防治措施，出版了一系列

专著和有害生物彩色图谱，园林绿化的各项工作取得了显著成就，建立了较为完善的防护控制体系。2000 年 5 月，建设部颁布了园林植保工的职业技能岗位标准，标志着我国园林植物有害生物控制工作走向常态化和规范化。

三、园林植物有害生物控制的原则

1962 年，美国生物学家蕾切尔·卡逊撰写的《寂静的春天》出版了，书中描述人类大量使用农药，可能将面临一个没有鸟、蜜蜂和蝴蝶的"寂静的春天"——这也将导致地球生物的灭绝。这是世界上第一部关注地球生态环境的著作。当时美国热衷于用农药杀灭害虫，如用滴滴涕（DDT）杀灭传播疟疾的蚊子，但在大量使用 DDT 的同时，也杀死了许多益虫。更可怕的是，许多昆虫迅速产生了抗药性，繁殖出抗 DDT 的种群。DDT 难以在短期分解，积存在昆虫体内，其他动物如鸟类食用后中毒而亡。通过食物链的传播，DDT 甚至可毒害鱼类。卡逊敏感地意识到问题的严重性，查阅大量资料，克服了种种困难，花费近六年时间，在写作的后两年身患癌症的情况下，完成了《寂静的春天》。作品出版两年后，这位坚强的女作家便离开了人世，但她留下的《寂静的春天》被译成至少 23 种文字，至今依然深刻、持续地影响着地球及人类生活，是 20 世纪最具影响力的书籍之一。由于《寂静的春天》，1962 年年底美国便开始限制使用杀虫剂；联合国于 1972 年 6 月 12 日在斯德哥尔摩召开了"人类环境大会"，并由各国签署"人类环境宣言"，使人类从长期流行的"征服大自然"转向"与大自然和谐相处"，保护环境、保护地球母亲的运动方兴未艾。直到今天，人们还在为保护环境而奋争。

20 世纪 80 年代中期，我国的植物保护工作确立了"预防为主，综合治理"的指导方针，以综合治理为核心，实现对病虫害的持续控制，从"赶尽杀绝"式防治转向"有效控制"式防治，将有害生物的种群数量控制在不影响被侵害植物群体的生长发育、不形成灾害的范围内。园林植物有害生物控制亦遵循以上指导方针。

有害生物综合治理的原则是安全、经济、简便、有效。

1. 安全

安全指防治措施对植物、天敌、人畜等安全，不致发生药害和中毒。防治措施一般分为通过植物检疫和栽培管理技术防治、生物防治、物理防治和化学防治。

其中通过植物检疫和栽培管理技术来进行防治，主要用于预防有害生物的发生，如防治种苗运输过程携带及传播病菌、虫卵，清除虫卵、蛹，调整植物生长环境使之不利于有害生物的生长发育，对风景名胜区具有特殊价值的古柏、古松采用"外科手术"，用填充材料去修补因腐朽形成的树洞等；生物防治与物理防治多用于有害生物发生初期，如吞食幼虫、阻断幼虫发育通道等；化学防治多用于成灾期、快速杀灭病虫害，如喷洒药物杀灭成群的虫卵、幼虫、成虫或微生物等，化学药剂的使用应本着对人体健康无影响、无怪味、不污染环境的原则，选用毒性低、分解快、无残留，较为安全的矿物源农药和生物源农药。

确定有害生物防治措施时，应首选对环境、人畜安全的防治措施。

2. 经济

经济指在用药安全、有良好防治效果的前提下，所采取措施综合考虑人力、设施、药剂的费用，以较少的工作时间、较经济的设施和药剂费用，将有害生物的种群数量控制在不影响观赏性及不造成经济损失的范围内。

自然条件下，各种病虫害往往混合发生，如果逐个防治，既浪费工时，多用药还不利于环保，因而在确定防治措施时应全面考虑，综合运用多种防治措施、不同药剂，合理搭配，力求达到一次用药、一种措施兼治几种病虫的目的。此外，结合园林栽培管理技术来预防有害生物的发生不需额外用工，且具长效性，是较经济的一种防治措施。

3. 简便

简便指所采取的防治措施应就近、就便、就简，即充分利用现有的栽培管理技术、设施设备及药剂，避免舍简就繁、舍近求远。

4. 有效

有效指在满足安全原则的基础上，所采取的防治措施、所用的防治药剂能达到使有害生物的种群数量控制在不影响观赏性及不造成经济损失的范围内。使用化学防治时，需考虑防治时间与施药环境，以保证药效的发挥。如日照强的中午施药，易造成挥发性药物的有效成分逸出，且易使人员中毒，应避免；使用多种防治措施时，要注意防止防治效果的抵消等。

总之，园林植物有害生物控制是一项复杂的系统工程，应实行可持续发展战略，遵循园林生态系统自我调节规律，营造和谐、有序、稳定的园林植物群落，形成多品种、多层次、互促共存的多层种植结构；及时发现、准确鉴别园林植物有害生物种类，掌握有害生物的发生发展规律；从城镇园林生态系统出发，有机协调运用植物检疫、栽培养护措施、物理防治、生物防治和化学防治等措施，实现对园林植物有害生物的可持续控制。

四、"园林植物有害生物控制"课程及其学习

1. 关于"园林植物有害生物控制"课程

"园林植物有害生物控制"课程是园林类专业的一门专业核心课程。园林植物有害生物控制属于应用科学的范畴，直接服务于城镇绿化和园林生产。课程内容包括识别常见园林植物有害动物的类群，掌握其生活习性、发生消长规律和防治措施；学习诊断常见园林植物病害，熟悉发病规律，进行植物病害的有效防治，将有害生物种群控制在最低水平，保持优美的园林景观，发挥城镇园林的生态效益，改善城镇生态环境。

园林植物有害生物控制不单纯是一项技术工作，还涉及生态、社会、经济、资源和环境等诸多领域和许多学科。例如要正确判断园林植物受有害生物危害后的系列变化，则需掌握植物形态和植物生理学的知识。同时，园林植物有害生物的发生和发展，与植物生态环境关系非常密切，所实施的控制措施贯穿园林植物栽培和养护管理的各个技术环节，因此，在研究有害生物的发生发展规律和控制措施时，还要与园林植物环境与栽培等知识相结合。此外，本学科还与许多其他新兴学科和新技术、新手段和新方法有着密切联系。例如利用频振式诱虫灯、性信息素诱捕器、激光等现代科学技术诱杀害虫，或使害虫产生遗传性生理缺陷，导致雄虫不育，提高控制害虫的水平和效果。多学科、新技术的渗透应用，是提高有害生物控制技术水平的重要途径。因此，应重视和加强园林植物有害生物控制和其他学科的横向联系。

2. 如何学习"园林植物有害生物控制"课程

"园林植物有害生物控制"是开启植物保护工职业岗位大门的钥匙。园林植物保护工是指从事园林植物有害生物控制和检疫工作的人员。园林植物保护工的职业等级分为初级（国家职业资格五级）、中级（国家职业资格四级）、高级（国

家职业资格三级）、技师（国家职业资格二级）和高级技师（国家职业资格一级）。

园林植物保护工从事的工作主要包括：①对园林植物有害生物进行识别；②运用生态平衡原理对园林植物有害生物种群数量进行调控；③对园林植物及有害生物进行检疫；④科学使用化学药剂对园林植物有害生物种群数量进行控制；⑤进行园林植物有害生物调查，并填写记录表；⑥采集、制作与保存园林植物有害生物标本。

园林植物有害生物控制课程具有较强的直观性与实践性，学好本课程需牢记基本概念和基本方法，勤于动手、勤于实践。因此，在重视基础理论知识学习的同时，应注重观察和查找当地病虫害及其防治措施，联系课堂所学知识与技能，通过查找相关资料和请教教师、走访当地植保技术人员，思考、探究其中的合理性。"实践出真知"，坚持从实践中学习，在学习中实践，理论联系实际，不断提高控制园林植物有害生物的理论水平和操作技能，掌握植物保护工的职业技能，适应岗位需要。从生态学观点出发，采取科学的园林植物有害生物控制措施，在人与自然的和谐相处中，维护城镇生态系统的平衡，达到城市生态文明和生态环境的可持续发展。

项目 1

探索昆虫世界

项目导入

牡丹是我国传统名花。牡丹以其雍容华贵、富丽堂皇，享有"国色天香，花中之王"的美誉。春暖花开，是牡丹吐蕊怒放的季节。洛阳的牡丹园繁花似锦、幽香扑鼻，灿烂的阳光下，蜜蜂、蝴蝶在花丛中翩翩飞舞，更增添了牡丹的妩媚和娇艳。漫步在花的世界，高一学生尚文陶醉了。但是细心的尚文却发现，在茂密的牡丹枝叶丛中，几只亮闪闪的小虫子正在啃食叶子，叶片边缘已经被啃得参差不齐。这是些什么虫子呀？会不会对牡丹造成很大危害呢？正读中职园林专业的尚文回到学校，向教"园林植物有害生物控制"课的老师提出这个问题，老师哈哈一笑，拍拍尚文的肩膀说："你好好听我讲课，就会找到答案的"。

昆虫与园林植物关系密切，有直接危害园林植物各种器官，影响园林植物生长发育的植食性害虫；有取食制约害虫的寄生性或捕食性天敌昆虫；还有直接或间接向人类提供重要经济产物的资源昆虫。通过本项目的学习，我们将知道什么是昆虫，昆虫都有些什么习性，昆虫是怎样度过一生的，常见的昆虫类群中，哪些对园林植物有益、哪些对园林植物有害。

任务 1.1 昆虫主要特征的识别

任务目标

知识目标：

1. 了解昆虫的主要特征。
2. 了解昆虫口器、触角、足、翅的类型。
3. 了解昆虫不同口器危害状。

技能目标：

1. 会正确使用实体显微镜。
2. 会正确区分昆虫与其他节肢动物。
3. 能根据昆虫口器、触角、足、翅类型，识别主要昆虫类群。
4. 能识别昆虫咀嚼式口器危害状与刺吸式口器危害状。

知识学习

昆虫种类繁多，外部形态复杂。但作为生物类群中的一大类别，昆虫外部形态有一些共同特征，可作为区分昆虫与其他节肢动物的依据，以及区分昆虫不同种类的依据和防治害虫的基础。

一、昆虫的基本特征

昆虫在分类学上属于节肢动物门、昆虫纲。成虫体躯分头、胸、腹三部分；胸部具有 3 对分节的足，通常还有 2 对翅。这些特点构成了昆虫纲的鉴别特征（图 1-1-1）。

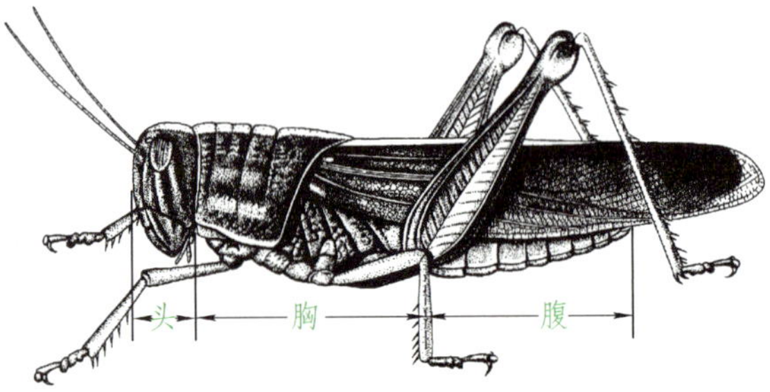

图 1-1-1 昆虫基本特征

二、昆虫的分类依据

触角、口器、足、翅是昆虫纲内的分类依据。

1. 触角类型

昆虫除少数种类外,头上都有 1 对触角。一般着生于额两侧。触角由许多小节组成。基部第 1 节称为柄节,第 2 节为梗节,梗节以后的各小节统称鞭节(图 1-1-2)。

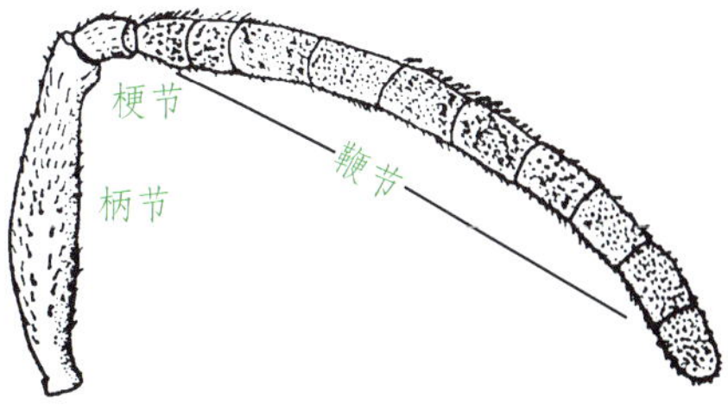

触角是昆虫重要的感觉器官,表面上有许多感觉器,具有嗅觉和触觉的功能,昆虫借以觅食和寻找配偶。

图 1-1-2 触角的基本结构

昆虫触角的形状因昆虫的种类和雌雄不同而多种多样。常见的有以下几种(表1-1-1)。

表 1-1-1 昆虫触角类型及其特点

触角类型	示意图	特点	代表种类
刚毛状		形如刚毛。触角短,基部 2 节较粗,鞭节部分较细	蝉、蜻蜓
丝状		触角细长,鞭节各节大小和形状相似	蝗虫、蟋蟀
念珠状		像一串念珠。鞭节由近似圆球形 大小相似的小节组成	白蚁

触角类型	示意图	特点	代表种类
锯齿状		形如锯齿。鞭节各节的端部向一边突出	雄性叩头虫
栉齿状		形如梳子。鞭节各小节的一边向外突出成细枝状	雄性绿豆象
羽毛状		形似羽毛。鞭节各节向两边伸出细枝	雄性大蚕蛾
膝状		触角的柄节特长，梗节短小，鞭节和柄节弯成膝状	蚂蚁、蜜蜂
具芒状		鞭节仅1节，上有1根刚毛或芒状结构，称触角芒	蝇
环毛状		鞭节各节均生有1圈长毛，近基部的毛较长	雄性蚊子
球杆状（棍棒状）		触角细长如杆，近端部数节逐渐膨大	蝶类
锤状		形似锤。与球杆状相似，但触角较短，末端数节显著膨大	瓢虫、小蠹虫
鳃片状		触角末端数节延展成片状，状如鱼鳃，可以开合	金龟子

2. 口器类型

口器是昆虫的取食器官。各种昆虫因食性和取食方式的不同，口器的结构也不同。取食固体食物的为咀嚼式口器，取食液体食物的为吸收式口器，兼食固体和液体两种食物的为嚼吸式口器。吸收式口器按其取食方式又可分为把口器刺入植物或动物组织内取食的刺吸式、锉吸式、刮吸式，以及吸食暴露在物体表面的液体物质的虹吸式、舐吸式。下面介绍常见的三种口器类型。

（1）咀嚼式口器　咀嚼式口器是昆虫最基本、最原始的口器类型，其他的口器类型都是由咀嚼式口器演化而来。咀嚼式口器由上唇、上颚、下颚、下唇及舌五个部分组成（图 1-1-3）。

具咀嚼式口器的昆虫，其典型的危害状是造成各种形式的机械损伤。如常造成叶片的缺刻、孔洞或将叶肉吃去，仅留网状叶脉，甚至将叶子全部吃光。具咀嚼式口器的钻蛀性害虫常将茎干、果实等蛀成隧道或孔洞，有的钻入叶中潜食叶肉，有的咬断幼苗的根或根茎，造成幼苗萎蔫枯死，还有的吐丝、卷叶、缀叶等。

咀嚼式口器害虫可用胃毒剂、触杀剂、微生物农药进行防治。

（2）刺吸式口器　刺吸式口器是昆虫用以吸食动、植物汁液的口器，常见于半翅目和同翅目，如蚜虫、蝉、蚧虫、蝽象等昆虫的口器，是由咀嚼式口器演化而成的。其结构特点是：上唇短小，呈三角形；上、下颚变成 2 对口针，互相嵌合形成 2 个管道；下唇延长成包藏和保护口针的喙（图 1-1-4）。具刺吸式口器的昆虫危害植物时将口针刺入植物组织内，吸取汁液，而喙留在植物体外。

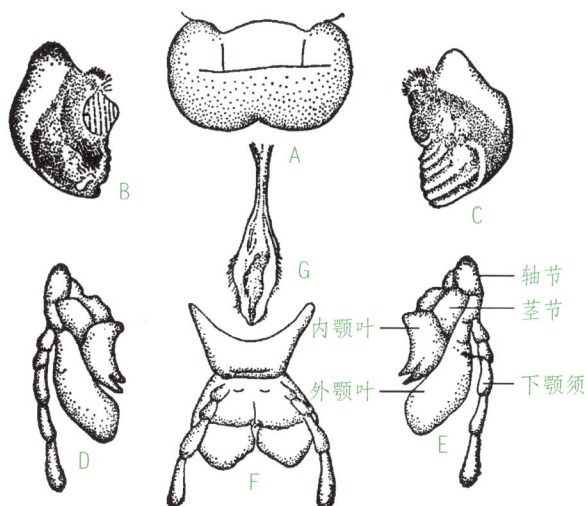

图 1-1-3　咀嚼式口器
A. 上唇　B、C. 上颚　D、E. 下颚　F. 下唇　G. 舌

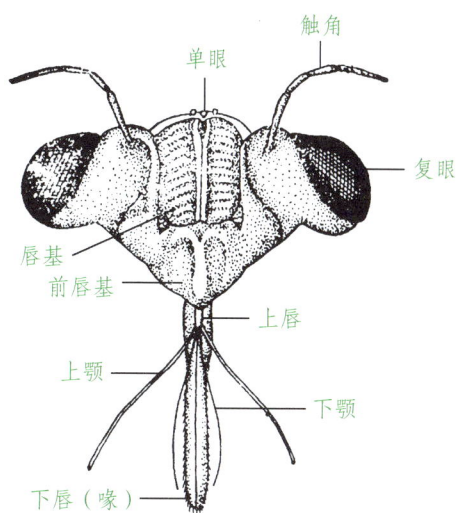

图 1-1-4　刺吸式口器

　　受刺吸式口器害虫危害的植株,受害部位出现各种褪色斑点,受害植株常萎蔫,叶片卷曲、黄化、皱缩,或在叶、茎、根上形成虫瘿。同时,此类害虫如蚜虫、叶蝉、木虱等是传播植物病害的媒介,特别是病毒病的主要媒介。可用内吸剂、触杀剂和熏蒸剂来防治刺吸式害虫。

　　(3)虹吸式口器　虹吸式口器是蛾蝶类成虫所特有的口器类型。虹吸式口器有1条能卷曲、能伸展的喙,由两下颚延长、嵌合而成一管状。喙不用时卷曲成钟表发条状,取食时伸展开,吸吮花管底部的花蜜,或露水和其他液体。

　　(4)锉吸式口器　锉吸式口器为缨翅目昆虫蓟马所特有,各部分的不对称性是其显著的特点。蓟马取食时,喙贴于植物体表,用口针将植物组织刮破,然后吸取流出的汁液。

　　(5)舐吸式口器　舐吸式口器是双翅目蝇类特有的口器。舐吸式口器的上颚和下颚均退化,下唇端部特化为两片圆形唇瓣,像个蘑菇头。取食时,唇瓣平展呈盘状,贴于食物上,液体食物经过形似气管的环沟过滤进入食物道;如遇颗粒食物,两片唇瓣可以上翻,露出前口齿,刺刮固体颗粒食物,成碎粒后吸入食物道内。

　　(6)嚼吸式口器　嚼吸式口器为蜂类昆虫如蜜蜂、马蜂、胡蜂(又称黄蜂)所有。嚼吸式口器既能吮吸花蜜,又能咀嚼花粉,兼有咀嚼和吮吸两种功能。

3．足的类型

昆虫足的常见类型如表1-1-2。

表1-1-2　昆虫足的常见类型

足类型	示意图	特点	代表种类
步行足		没有特化,适于行走	步甲
跳跃足		一般由后足特化而成,腿节发达,胫节细长,适于跳跃	蝗虫、蟋蟀后足

足类型	示意图	特点	代表种类
开掘足		一般由后足特化而成，胫节扁宽，外缘具坚硬的齿，便于掘土	蝼蛄前足
捕捉足		由前足特化而成，基节延长，腿节的腹面有槽，胫节可以弯折嵌合于内，用以捕捉猎物。有的腿节还有刺列，用以抓紧猎物	螳螂前足
携粉足	花粉篮 花粉刷	后足胫节端部宽扁，外侧凹陷，凹陷的边缘密生长毛，可以携带花粉，称花粉篮。第一节跗节膨大，内侧有横列刚毛，可以梳集黏附体毛上的花粉，称花粉刷	蜜蜂后足

4. 翅的类型

昆虫翅一般近三角形，将粉蝶前翅平展后观察，靠近头部的一边称前缘，靠近尾部的一边称后缘或内缘，前后缘之间的边称外缘。翅基部的角称肩角，前缘与外缘的夹角称顶角，外缘与内缘的夹角称臀角。为了适应翅的折叠与飞行，翅上常有 3 条褶线将翅面分为 4 区，分别称为腋区、臀前区、臀区及轭区。一般以臀前区面最大（图 1-1-5）。

昆虫翅上分布有由气管部位加厚而成的翅脉，起着支架作用。翅脉在翅面上的分布形式称为脉序，是昆虫分类的重要依据。

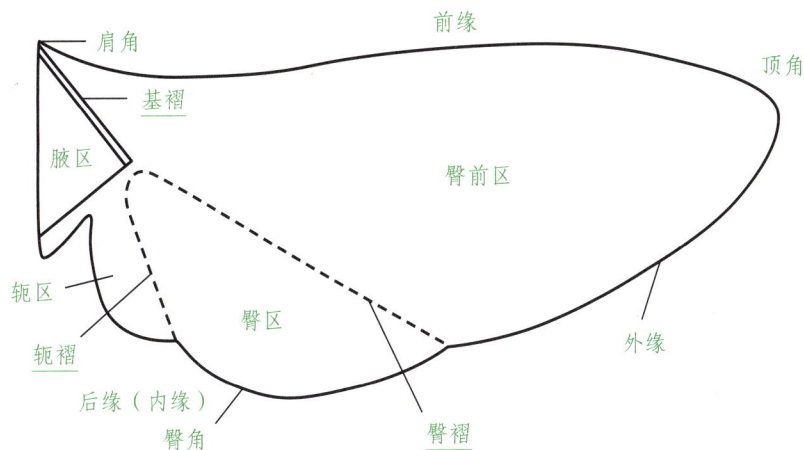

图 1-1-5 昆虫翅的分区

按翅的形状、质地、被覆物和功能，可将昆虫的翅分为以下几种类型，如表 1-1-3。翅的类型是昆虫分目的依据之一。

表 1-1-3　昆虫翅类型

翅类型	示意图	特点	代表种类
复翅		翅形狭长，革质，主要起保护后翅的作用	蝗虫前翅
膜翅		薄而透明或半透明，翅脉清晰	蜜蜂
鳞翅		膜质的翅面上布满鳞片	蝶、蛾
半鞘翅		翅基一半呈角质或革质硬化，无翅脉；翅端一半呈膜质，有翅脉	蝽象前翅
鞘翅		质地坚硬，无翅脉或不明显，主要起保护后翅及背部作用	甲虫前翅
棒翅		翅退化呈棍棒状，起感觉和平衡躯体作用	蝇类后翅

能力培养

当地昆虫种类及形态特征的观察和识别

1. 训练准备

以小组为单位开展观察识别。准备捕虫网、枝剪、采集盒、镊子、指形管、三角纸袋、实体显微镜、放大镜和记录本等工具。

　　课前查阅当地园林植物害虫的历史资料、害虫种类与分布情况。

2．捕捉与识别当地昆虫种类形态特征

　　见表 1-1-4。

表 1-1-4　捕捉与识别当地昆虫种类及形态特征

工作环节	操作规程		操作要求
选择场所	选择有代表性，植物种类和昆虫类群丰富的苗圃、花圃、绿地、公园或植物园作为捕捉观察场所		捕捉观察场所要开阔，便于行走
捕捉昆虫	（1）沿园路、人行道或自选路线，仔细观察每一种植物，寻找在植物上的各种昆虫，并适当采集蜈蚣、马陆、蜘蛛、蜗牛、鼠妇等 （2）观察昆虫的数量、取食方式及寄主植物受昆虫取食后的特征（为害状） （3）用捕虫网或镊子采集、捕捉不同种类的昆虫，将捕到的蛾蝶类昆虫置于三角纸袋中，其他昆虫置于指形管中，带回室内继续观察 （4）做好标记。可利用手机或相机拍摄照片		（1）谨慎操作，注意安全 （2）野外采集、观察幼虫时，应借助镊子等工具，不要用手触摸，避免对身体造成伤害 （3）爱护植物
观察识别昆虫	观察昆虫基本特征	用放大镜认真观察昆虫，并与蜈蚣、马陆、蜘蛛、蜗牛、鼠妇等进行比较： （1）昆虫体躯分为头、胸、腹 3 个体段 （2）有 3 对足、1 对触角，大多数有 2 对翅	（1）进行详细记载。边观察识别，边做好记录 （2）移动实体显微镜时，必须一手紧握支柱，一手托住底座，保持镜身垂直，轻拿轻放 （3）实体显微镜使用完毕，应及时降低镜体，取下载物台上的观察物，放入镜箱内
	识别种类及特征	用实体显微镜、放大镜认真观察每一种昆虫，识别当地常见昆虫种类所具有的不同的附器类型： （1）口器类型：咀嚼式、刺吸式、虹吸式 （2）触角类型：刚毛状、丝状、念珠状、锯齿状、栉齿状、羽毛状、膝状、具芒状、环毛状、球杆状、锤状、鳃片状 （3）足类型：步行足、跳跃足、开掘足、捕捉足、携粉足 （4）翅类型：复翅、膜翅、鳞翅、半鞘翅、鞘翅	
填写观察记录表	观察并填写观察记录表（表 1-1-5），讨论、分析观察结果		对疑难种类积极查阅资料并开展小组讨论，达成共识

表 1-1-5　昆虫观察记录表

序号	昆虫名称	寄主	触角	口器	前足	中足	后足	前翅	后翅	危害状

随堂练习

1. 说出下列动物哪些是昆虫（以实物或彩色图片展示蝗虫、蜻蜓、甲虫、螳螂、蝽象、蝉、蝴蝶、蛾类、蚂蚁、蜗牛、蜘蛛、蝎子、蜈蚣、马陆等）。

2. 说出下列昆虫哪些有特化足，前翅、触角的类型是什么（以实物或彩色图片展示）。

3. 说出以上展示的危害状是什么口器的昆虫造成的（以实物或彩色图片展示）。

咀嚼式口
器危害状

任务 1.2　昆虫生物学特性及主要类群的识别

任务目标

知识目标：

1. 掌握昆虫变态类型。
2. 掌握各虫态的生物学特性。
3. 理解昆虫世代和生活史的概念。
4. 了解昆虫习性与害虫防治的关系。
5. 熟悉昆虫主要类群的形态特征。

技能目标：

1. 能准确判别昆虫的变态类型。
2. 能正确区分昆虫幼虫、蛹的类型。
3. 熟悉昆虫习性与行为。
4. 能使用检索表鉴别常见昆虫类群。

知识学习

昆虫的一生包括繁殖、发育、变态各阶段，即从卵开始到成虫为止的个体发育史。了解昆虫共有的生活规律，可以有针对性地防治害虫和利用益虫。

一、昆虫变态及各虫态

1. 昆虫变态

昆虫在个体发育过程中，在外部形态、内部器官、生活习性和生活环境等方面会发生一系列变化,此现象即为昆虫变态。昆虫变态主要包括不完全变态和完全变态。

（1）**不完全变态**　不完全变态的昆虫一生经过卵、幼虫、成虫3个虫态（图1-2-1）。不完全变态分为以下3个亚型：

·**渐变态**：蝗虫、蝽象、蝉等昆虫的幼虫与成虫形态、习性和生活环境相似，仅体小、翅和附肢短，性器官不成熟，其幼虫又称作若虫。

·**半变态**：蜻蜓的成虫陆生，幼虫水生，幼虫在形态和生活习性上与成虫明显不同，其幼虫又称作稚虫。

·**过渐变态**：粉虱和雄性介壳虫的幼虫在转变为成虫前有一个不食不动的类似蛹的时期，是昆虫从不完全变态向完全变态演化的过渡类型。

（2）**完全变态**　甲虫、蛾、蝶、蜂、蚁、蝇等昆虫一生经过卵、幼虫、蛹、成虫4个虫态。完全变态昆虫的幼虫不仅外部形态和内部器官与成虫很不相同，而且生活习性也完全不同（图1-2-2）。昆虫在从幼虫变为成虫的过程中，口器、触角、足等附肢都需经过重新分化。因此，在幼虫与成虫之间要历经"蛹"来完成剧烈的体形变化。

2. 昆虫的卵期

卵期是昆虫个体发育的第一个时期，是一个不活动的虫期，所以在长期进化过程中，昆虫的产卵过程和卵的结构本身都形成了特殊的保护性适应。

昆虫的卵是一个大型细胞，卵的外面包被较坚硬的卵壳。昆虫的卵都比较小，

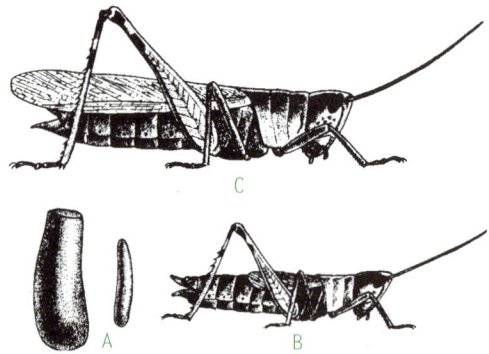

图1-2-1　蝗虫的不完全变态
A. 卵袋及其剖面　B. 若虫　C. 成虫

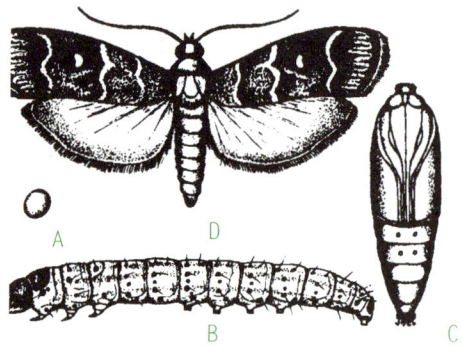

图1-2-2　蛾类的完全变态
A. 卵　B. 幼虫　C. 蛹　D. 成虫

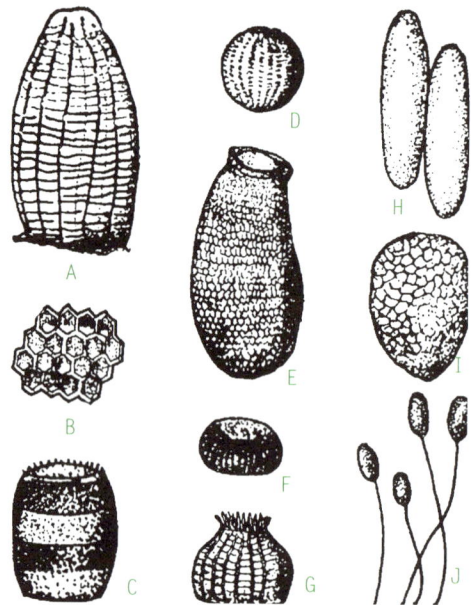

图1-2-3　昆虫卵的形状
A. 瓶形　B. 卵块一部分　C. 桶形
D. 球形　E. 茄果形　F. 半球形　G. 篓形
H. 长椭圆形　I. 卵形　J. 有柄形

一般长 1 ~ 2 mm，较大的蠡螓卵长 9 ~ 10 mm，小的寄生蜂卵长 0.02 ~ 0.03 mm。

昆虫卵的形状是多种多样的，如图 1-2-3 所示。产卵方式随种类而异，有散产、聚产、裸产、隐产等方式。

3. 昆虫的幼虫期

幼虫期是昆虫个体发育的第二个时期。幼虫期经过孵化和脱皮阶段，其显著特点是大量取食，积累营养，虫体在一次次脱皮中迅速增大。昆虫幼虫期对植物的危害最严重，因而常常是防治的重点时期。

（1）孵化 昆虫在胚胎发育完成后，幼虫破卵而出，称为孵化。初孵化的幼虫，体壁中的外表皮尚未形成，身体柔软，色淡，抗药能力差，此时是化学防治的有利时期。

（2）生长和脱皮 在幼虫的生长过程中，脱去旧表皮的过程称为脱皮。幼虫是在一次次脱去表皮的过程中长大的。初孵幼虫称 1 龄幼虫，脱 1 次皮后称 2 龄幼虫。每脱 1 次皮就增加 1 龄，幼虫生长到最后 1 龄，称为老熟幼虫或末龄幼虫。虫龄＝脱皮次数＋1。相邻两次脱皮之间所经过的时间，称为龄期。

完全变态类昆虫的幼虫根据足的数目可分成以下四种类型（图 1-2-4）。

· 原足型：膜翅目寄生蜂的初龄幼虫，腹部几乎不分节，附肢只是几个突起。

· 无足型：天牛、象甲、大蚊、蝇、虻等幼虫既无胸足也无腹足。

· 寡足型：幼虫只有 3 对胸足，没有腹足和其他附肢。

· 多足型：幼虫具有 3 对胸足，2 ~ 8 对腹足。

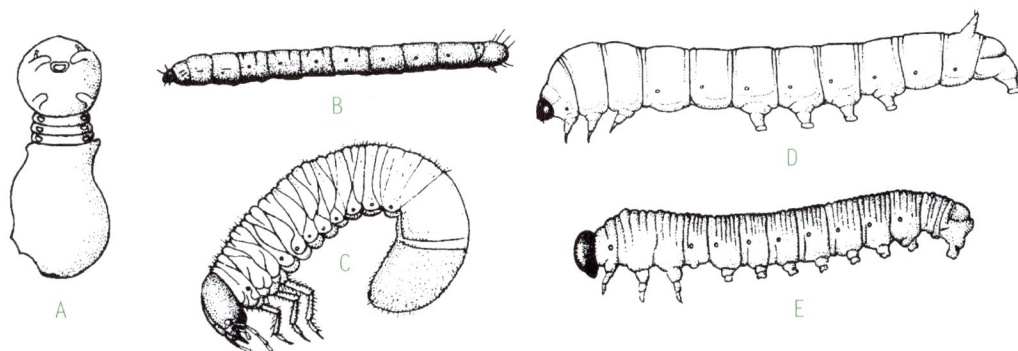

图 1-2-4 全变态类幼虫的类型
A. 原足型 B. 无足型 C. 寡足型 D、E. 多足型

4．昆虫的蛹期

蛹期是完全变态类昆虫由幼虫变为成虫过程中必须经过的虫态，为完全变态类昆虫发育过程所独有。末龄幼虫脱去最后的皮称化蛹。蛹的形态通常分为以下 3 类（图 1-2-5）。

（1）离蛹（裸蛹）　触角、足等附肢和翅不贴附于蛹体上，可以活动。

（2）被蛹　触角、足、翅等附肢紧贴蛹体上，不能活动。

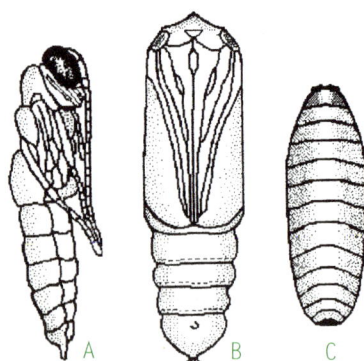

图 1-2-5　蛹的类型
A．离蛹　B．被蛹　C．围蛹

（3）围蛹　蛹体实际上是离蛹，但蛹体外面由末龄幼虫所脱的皮形成的蛹壳所包围。

蛹表面看是一个不活动的虫期，但其内部则进行着激烈的器官组织的解离和生理活动，这要求相对稳定的环境来完成所有的转变过程。因此不同的昆虫，化蛹场所和方式也是多种多样的，有的吐丝作茧，有的在树皮缝中或在地下做土室，有的在蛀道内或卷叶内进行等。此期不利于进行有害昆虫化学防治工作。

5．昆虫的成虫期

成虫期是昆虫个体发育的最后一个时期。成虫从它的前一虫态脱皮而出的过程，称为羽化。成虫期的主要任务是交配产卵，繁殖后代。

（1）昆虫的生殖方式　昆虫的生殖方式多种多样，常见的有以下几种：

·两性生殖：绝大多数昆虫经过雌雄交配后，产下的受精卵直接发育成新个体的生殖方式，称两性生殖，又称卵生，如蝗虫、天牛、蛾、蝶等昆虫。

·孤雌生殖：雌虫所产的卵不经过受精而发育成新个体的现象，称孤雌生殖，又称单性生殖。大致可分以下 3 种类型：

A．偶发性的孤雌生殖：在正常情况下进行两性生殖，偶尔出现未经受精的卵发育成新个体的现象，如家蚕。

B．经常性的孤雌生殖：也称永久性孤雌生殖，是指一些昆虫的繁殖完全或几乎是通过孤雌生殖来进行，在整个生活史中没有雄虫或雄虫极少。这种生殖方法为一些膜翅目、半翅目和缨翅目等的昆虫所具有。

C．周期性的孤雌生殖：孤雌生殖和两性生殖随季节变迁而交替进行，这种现象又称世代交替。蚜虫是最常见的例子，蚜虫从春季到秋季连续若干代都以孤雌生殖繁殖后代，只在冬季来临时才产生雄蚜，进行两性生殖，雌雄交配后产卵，以卵越冬。

·多胚生殖：一个成熟的卵可以发育成两个或两个以上的个体的生殖方式，称多胚生殖。常见于膜翅目的小蜂、细蜂等寄生性昆虫。

一只雌虫一生的产卵数量，称为繁殖力。不同种类的昆虫繁殖力差异很大。繁殖力不仅取决于每种昆虫的遗传特性，还与气候、营养等外界条件密切相关。只有适宜的环境条件才能发挥其生殖最大潜力。一只蚜虫一生只产几粒卵，白蜡虫一生产卵 1 000 ～ 26 000 粒，蜜蜂的蜂王每年能产 12 万粒，一只长寿的白蚁蚁后一生产卵数可达 5 亿粒。

昆虫雌虫与雄虫的数量之比，称性比，一般在 1 ∶ 1 左右。有些昆虫的性比会受外界条件的影响而发生变动。如鳞翅目中的食叶害虫，当食料充足时，不但产卵量高，而且雌性占比也大。

（2）性成熟与补充营养　大多数昆虫羽化为成虫时，性器官还未完全成熟，需要继续发育才能达到性成熟，如金龟子，以及不完全变态类昆虫。这种羽化成虫继续取食，以补充性细胞发育不可缺少的成虫期营养，称为补充营养。

（3）性二型　同一种昆虫，雌雄个体除生殖器官等第一性征不同外，其个体的大小、体型、颜色等也有差别，这种现象称性二型（雌雄二型）。如蓑蛾的雌虫无翅，雄虫具翅；马尾松毛虫雄蛾触角羽毛状，雌蛾为栉齿状。

（4）性多型　同种昆虫同一性别具有两种或两种以上个体的现象，称性多型。如蜜蜂有蜂王、雄蜂和不能生殖的工蜂；白蚁群中除有"蚁后""蚁王"专司生殖外，还有兵蚁和工蚁等类型（图 1-2-6）。

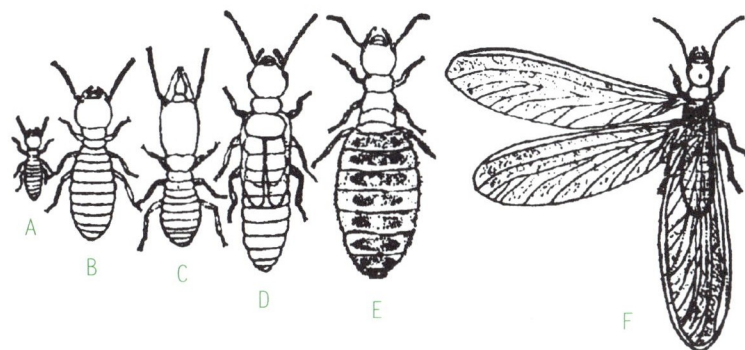

图 1-2-6　白蚁的性多型
A. 若虫　B. 工蚁　C. 兵蚁　D. 生殖蚁若虫　E. 蚁后　F. 有翅型

二、昆虫生活史

1. 昆虫的世代

昆虫自卵或幼体离开母体到成虫性成熟产生后代为止的个体发育周期，称为1个世代。各种昆虫完成1个世代所需的时间不同，竹笋夜蛾、斑衣蜡蝉1年1代，国槐尺蛾1年4代，桑天牛2年1代，美国十七年蝉17年1代。

1年发生多个世代的昆虫，同一地区的同一时期可同时出现不同虫态，即该种昆虫的上下世代间重叠，这种现象称为世代重叠。1年发生2代以上的昆虫，划分世代顺序均以卵期开始，依先后出现的次序称为第1代、第2代……，但应注意跨年虫态的世代顺序，习惯上凡是以卵越冬的，越冬卵就是次年的第1代卵。以其他虫态越冬的是前1年的最后1代，称为越冬代。如马尾松毛虫2013年11月中旬以4龄幼虫越冬，这越冬幼虫称为2013年的越冬代幼虫。

2. 昆虫的年生活史

昆虫在1年中生长发育的状况称为昆虫的年生活史，包括越冬虫态，1年中发生的世代，越冬后开始活动的时期，各代历期、各虫态的历期、生活习性等。了解害虫的生活史，掌握害虫的发生规律，是防治害虫的可靠依据。昆虫的年生活史除用文字进行叙述外，也可以用图表来表示，如图1-2-7表示的是核桃扁叶甲年生活史图。

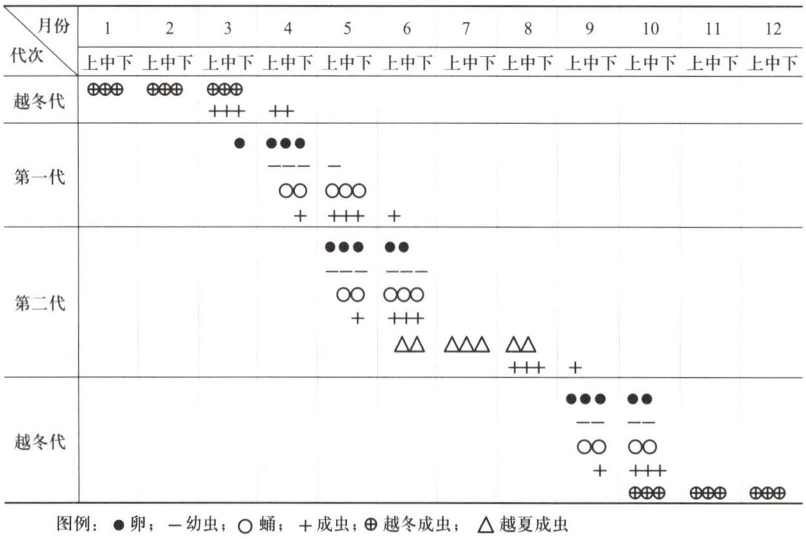

图1-2-7　核桃扁叶甲年生活史

3. 昆虫的休眠与滞育

昆虫在 1 年的生长发育过程中，常出现暂时停止发育的现象。此现象又分为休眠和滞育两类。

（1）休眠　昆虫的休眠是由于不良环境条件引起的，当不良环境条件解除后，昆虫即可恢复正常的生命活动。休眠发生在炎热的夏季，则称夏蛰（或越夏）；发生在严冬，则称冬眠（或越冬）。各种昆虫的休眠虫态不一。如小地老虎在北京以蛹越冬，在长江流域以蛹和老熟幼虫越冬，在广西南宁以成虫越冬。

（2）滞育　滞育具有种的遗传特性，通常不是由不良环境条件引起的。在自然情况下，当不利的环境条件还远未到来之前，具有滞育特性的昆虫就进入滞育状态，而且一旦进入滞育状态，即使给予最适宜的条件，也不能解除滞育。如樟叶蜂以老熟幼虫在 7 月上、中旬于土中滞育，至第 2 年 2 月上、中旬才恢复生长发育。

三、昆虫的习性与行为

1. 昆虫活动的昼夜节律

绝大多数昆虫的活动，如飞翔、取食、交配、卵化、羽化等，均有它们的昼夜节律。这些都是该种有利于生存、繁育的生活习性。许多捕食性昆虫，如蜻蜓、虎甲、步甲等习惯白天活动，为日出性昆虫，同它们所捕食对象的日出性有关；蝶类日出性同它们访花有关。绝大多数蛾类是夜出性昆虫，取食、交配、生殖都在夜间。蚊子在弱光下活动，是弱光性昆虫。

由于自然界中昼夜长短是随季节变化的，所以许多昆虫的活动节律也有季节性。1 年发生多代的昆虫，各世代对昼夜变化的反应也会不同，较明显的反应多在迁移、滞育、交配、生殖等方面。

昆虫的昼夜节律除受光的影响外，还受温度的变化、食物成分的变化、异性释放外激素的生理条件等影响。

2. 食性

按照取食的对象，昆虫一般可分为以下几类：

（1）植食性昆虫　以植物为食物的昆虫。这类昆虫大多数是农林害虫，如马尾松毛虫、刺蛾、叶甲；少数种类对人类有益，如柞蚕、家蚕。

（2）肉食性昆虫　以其他动物为食物的昆虫，如瓢虫、螳螂、食虫虻、胡蜂，寄生在害虫体内的寄生蝇、寄生蜂，对人类有害的蚊、虱。

（3）腐食性昆虫　以动物、植物残体或粪便为食物的昆虫，如粪金龟。

（4）杂食性昆虫　既以植物或动物为食，又可腐食，如蜚蠊。

根据所吃食物种类的多少，昆虫又可分为以下几类：

（1）单食性昆虫　只以1种或近缘种植物为食物的昆虫，如落叶松鞘蛾。

（2）寡食性昆虫　以1科或几种近缘科的植物为食物的昆虫，如菜粉蝶、马尾松毛虫。

（3）多食性昆虫　以多种非近缘科的植物为食物的昆虫，如刺蛾、棉蚜、蓑蛾。

3．趋性

趋性是指昆虫对各种刺激物的反应。昆虫趋向刺激物的习性叫正趋性；避开刺激物的习性叫负趋性。各种刺激物主要有光、温度、化学物质等，因而趋性也就有趋光性、趋温性、趋化性等。

利用昆虫的趋性可设置黑光灯诱杀有趋光性的昆虫，如马尾松毛虫、夜蛾等；用糖醋液可诱杀地老虎类。另外可利用昆虫的趋性来进行虫情预测预报、采集标本。

4．群集性和社会性

（1）群集性　同种昆虫的大量个体高密度聚集在一起的现象叫群集性。如马尾松毛虫1—2龄幼虫、刺蛾的幼龄幼虫、金龟子一些种类的成虫都有群集危害的特性。再如榆蓝叶甲的越夏，瓢虫的越冬，天幕毛虫幼虫在树杈结网栖息等，也是群集危害的。了解昆虫的群集习性，可以在害虫群集时进行人工捕杀。

（2）社会性　昆虫营群居生活，一个群体中的个体往往有多型现象，有不同分工。如蜜蜂群中有蜂王、雄蜂、工蜂，白蚁群中有蚁王、蚁后、有翅生殖蚁、兵蚁、工蚁。

5．假死性

有一些昆虫在取食爬动时，受到外界突然振动惊扰后，往往立即从树上掉落地面、卷缩肢体不动或在爬行中缩做一团不动，这种行为称为假死性。如象甲、叶甲、金龟子等成虫遇惊即假死下坠，3—6 龄的松毛虫幼虫受振落地等。可利用害虫的假死习性进行人工捕杀、虫情调查。

6．拟态和保护色

拟态指虫体形态与所生活环境中的某种物体或其他动、植物形态极为相似，从而获得了保护自己的好处的现象。如竹节虫、尺蛾幼虫的形态与植物枝条极为相似，可逃避天敌的捕杀。

保护色是指某些昆虫具有同它生活环境中的背景相似的颜色，这有利于昆虫躲避捕食性动物的视线而保全自己。如蚱蜢、枯叶蝶、尺蠖成虫等。

四、昆虫分类

昆虫的分类阶元包括界、门、纲、目、科、属、种，种是自然界生物分类的基本单位。按照国际动物命名法规，昆虫的科学名称采用林奈的双名法命名。为方便国际间科学资料、科学知识的交流，避免使用中的混乱，规定用拉丁文或拉丁化的文字组成动物名称和分类单位，这种名称称为学名。每一种昆虫的学名均由属名和种名组成，属名在前，种名在后，均用斜体表示；后面附有命名者的姓，用正体表示。学名中属名第一个字母大写，种名第一个字母小写，命名者第一个字母大写，如舞毒蛾写作：*Lymantriadispar* Linnaeus。若是亚种，则采用"三名法"，将亚种名排在种名之后，第一个字母小写。如天幕毛虫写作：*Malacosomaneustriatestacea* Motsh.。

昆虫分类系统不断发展变化，各个分类学家分目各不同。本书采用常用的 34 个目的分类系统。与园林植物关系密切的昆虫目有：直翅目、等翅目、半翅目、缨翅目、鞘翅目、鳞翅目、膜翅目、双翅目等。

1．昆虫主要类群识别

（1）直翅目　有翅或无翅，前翅狭长，为复翅。体长 2.5~90 mm。触角丝状，口器咀嚼式。后足为跳跃足或前足为开掘足；雌虫多具发达的产卵器。渐变态。多数植食性。常见种类有蝗虫、蟋蟀、蝼蛄等（彩图 1）。

（2）等翅目　通称白蚁。有翅型，前后翅大小形状和脉序都很相似。体长 3~10 mm。触角念珠状。口器咀嚼式。足跗节 4~5 节。尾须短。为多型性、营社会性生活的昆虫，有较复杂的"社会"组织和分工。渐变态。白蚁分土栖、木栖和土木栖三大类。主要分布在长江以南及西南各省，危害较重（彩图2）。

（3）半翅目 有翅或无翅，有翅昆虫前翅半鞘翅或膜翅，后翅膜翅。体微小至大型。触角丝状或刚毛状，口器刺吸式。胸部或腹部常有臭腺或蜡腺。渐变态，捕食性或植食性。常见种类有蝽象、蝉、叶蝉、木虱、粉虱、蚜、蚧等（彩图3）。

（4）缨翅目 通称蓟马（彩图4）。翅2对，膜质，狭长而翅脉少，翅缘密生缨毛。体长一般为0.5~7 mm，体黄褐、苍白或黑色，有的若虫红色。触角6~9节，口器锉吸式。足跗节端部生一可突出的端泡，故又称泡脚目。不完全变态。大多植食性。

（5）鞘翅目 通称甲虫，是昆虫纲中第一大目。前翅为鞘翅，后翅为膜翅。体微小至大型，体壁坚硬。触角一般11节，形状多样；复眼发达，口器咀嚼式。完全变态。幼虫寡足型或无足型，蛹多为裸蛹。植食性、捕食性或腐食性。常见种类有步甲、叶甲、瓢甲、天牛、金龟子、象甲、小蠹虫等（彩图5）。

（6）鳞翅目 包括蝶类和蛾类（彩图6），是昆虫纲中的第二大目。翅展3~265 mm，成虫体、翅覆盖鳞片。体小至大型。口器虹吸式，不用时卷曲于头下。幼虫俗称毛毛虫，口器咀嚼式，有2~5对腹足，腹足端部常具趾钩。幼虫体表常具各种外被物。蛹多为被蛹。完全变态。大多为植食性。

（7）膜翅目 通称蜂、蚁（彩图7）。膜翅2对，翅脉少。体微小至大型。触角丝状、膝状等，口器咀嚼式或嚼吸式。足跗节5节，有的足特化为携粉足。腹部第一节常与后胸连接，胸腹间常形成细腰。雌虫产卵器发达，高等种类形成针状结构。完全变态。幼虫多足型、寡足型或无足型等。蛹为离蛹。捕食性、寄生性或植食性。

（8）双翅目 通称蚊、虻、蝇（彩图8）。微小至大型。仅生1对前翅，膜质；后翅退化成棒翅。触角线状、具芒状、环毛状等，口器刺吸式、刮吸式或舔吸式等。幼虫无足型，一般头小且内缩。围蛹（蝇）或被蛹（蚊）。完全变态。食性复杂，有植食性、腐食性、捕食性或寄生性等。

2. 昆虫检索表的使用

昆虫检索表是识别昆虫的重要工具。昆虫的识别与鉴定主要根据昆虫的外部形态特征，结合查阅昆虫检索表进行。常用的昆虫检索表有单项式和双项式两种类型。

（1）**单项式昆虫检索表**　这种形式的检索表比较节省篇幅，缺点是相对性状相距较远。检索表的总序号数 =2×（需检索项目数 –1）。格式是：

1（8）翅 2 对

2（7）前翅膜质

3（6）前翅不被鳞片

4（5）第一腹节并入后胸；触角丝状或膝状　…………　膜翅目

5（4）第一腹节不并入后胸；触角念珠状　…………　等翅目

6（3）前翅密被鳞片　……………………………　鳞翅目

7（2）前翅革质　…………………………………　鞘翅目

8（1）翅 1 对　…………………………………　双翅目

（2）**双项式昆虫检索表**　这是目前最常用的形式。优点是每对性状互相靠近，便于比较，篇幅也节省；缺点是各单元的关系有时不明显。检索表的总序号数 =需检索项目数 –1。格式是：

1.　口器咀嚼式，适宜咬和咀嚼　……………………………　2

1.　口器刺吸式、虹吸式或锉吸式，适宜吸收　…………　5

2.　前、后翅均为膜质　………………………………　3

2.　前翅革质或角质，后翅膜质　……………………　4

3.　第一腹节并入后胸，1、2 节间紧缩成柄状；

　　触角丝状或膝状　………………………………　膜翅目

3.　第一腹节不并入后胸；触角念珠状　………………　等翅目

4.　前翅为覆翅，触角丝状，通常有听器和发音器　……　直翅目

4.　前翅为鞘翅，体躯骨化而坚硬，触角形式多样　……　鞘翅目

5.　有翅 1 对，后翅特化为棒翅　……………………　双翅目

5.　有翅 2 对　………………………………………　6

6.　翅面全部或部分有鳞片，口器虹吸式或退化　………　鳞翅目

6.　翅面无鳞片，口器刺吸式或锉吸式　………………　7

7.　刺吸式口器，下唇形成分节的喙，翅缘无长毛　……　半翅目

7.　锉吸式口器，无分节的喙，翅极狭长，翅缘有长毛　…　缨翅目

能力培养

昆虫习性观察和昆虫饲养

1. 训练准备

以小组为单位，在教师的帮助下，每组准备培养器、指形管、玻璃瓶、养虫缸、养虫笼、捕虫网、镊子和记录本等工具与材料。学生通过网络或图书馆查找 1 ～ 2 种昆虫（如家蚕、蝴蝶、天牛）习性资料、图片、视频，并收集其生活史。

2. 昆虫习性观察和昆虫饲养的实施

见表 1-2-1。

表 1-2-1　昆虫习性观察和昆虫饲养

工作环节	操作规程		操作要求
昆虫习性观察	野外仔细观察叶甲、象甲、瓢甲的活动，了解昆虫的假死性		（1）在校园或周边绿地选择典型区域，仔细观察，认真记录 （2）野外观察幼虫时，应借助镊子等工具，不要用手触摸，避免昆虫对人体造成伤害 （3）观察的同时，利用手机拍照、录像，收集素材
	用糖块置于蚂蚁活动区域，可观察到蚂蚁越聚越多；或观察蚂蚁取食蚜虫蜜露的行为，了解昆虫的趋化性		
	野外仔细观察树叶上毒蛾、舟蛾、蝽象等幼龄幼虫，了解昆虫的群集性		
	晚上，通过诱虫灯或普通光源观察蛾类、甲虫、蝼蛄等昆虫的趋光性，用捕虫网捕获昆虫，统计昆虫的种类和数量		
昆虫饲养	制订饲养计划	制订切实可行的饲养计划，编制记录用表，进行人员分工	（1）昆虫的饲养、生物学特性的观察与记载等，各组同学可根据实际情况，轮流值班，定岗定责，保持观察的连续性，不可有长时间的间断 （2）认真仔细观察昆虫的生长及变化，做好过程记录，填写观察记录表，拍摄典型图片，可用手机拍照、录像，收集资料
	采集昆虫	根据当地季节情况，在野外采集 1 ～ 2 种容易在室内饲养的昆虫，或选择家蚕，在饲养过程中观察其个体发育史及习性	
	饲养昆虫	要求室内光线充足、空气流通、温湿适宜、清洁卫生。应根据所饲养昆虫的生活习性，设置相应的饲养环境；根据昆虫取食特性，供给新鲜的寄主枝叶等，确保所饲养昆虫能正常生长发育	

续表

工作环节	操作规程		操作要求
昆虫饲养	昆虫生物学特性观察与记载	在饲养昆虫过程中，应认真仔细观察，把昆虫每天的变化活动详细记载，以便日后系统总结。记载内容包括：孵化、蜕皮、化蛹、羽化，各虫态在一定温、湿度条件下的发育日期、交配产卵、雌雄性比，以及该种昆虫的寿命、生活习性等	（3）饲养观察过程中，对出现的问题应积极查阅资料，并开展小组讨论，达成共识 （4）教师跟踪检查，阶段汇报
	绘制害虫生活史图表	根据所学的昆虫生物学特性，结合昆虫饲养记录及收集的有关昆虫生活史资料，绘制昆虫生活史图	
展示交流	观察结束后，资料整理分析，各组制作展板和 PPT，进行讨论交流，展示比较，共享学习成果		要求内容典型，重点突出，图文并茂，音像效果好

每人提交 1 份昆虫习性观察和昆虫饲养与观察记录表，并绘制昆虫生活史图。

随堂练习

1. 以蝗虫、蝽象、蝉、蛾、蝶、甲虫类等的生活史标本为材料，说出其分别属哪种变态类型。

2. 以实物或彩色图片展示枯叶蛾、尺蛾、蝶、叶蜂、金龟甲、叩头甲、天牛、象甲、果蝇、虻等幼虫及蛹，判断其各属于哪种习性的昆虫。

任务 1.3　昆虫标本采集与制作

任务目标

知识目标：

1. 掌握昆虫标本采集与制作的技术要求。
2. 掌握昆虫标本采集与制作的方法。

技能目标： 能熟练进行昆虫标本采集与制作。

知识学习

一、昆虫标本采集

昆虫标本是进行调查研究、鉴定害虫的依据，因此，在园林植物栽培养护工作中需要采集、制作标本并进行识别。

1. 采集工具和材料

（1）**捕虫网**　如图 1-3-1，用来采集善于飞翔和跳跃的昆虫，如蛾、蝶、蜂、蟋蟀等。

（2）**吸虫管**　用来采集蚜虫、红蜘蛛、蓟马等微小的昆虫。

（3）**毒瓶**　如图 1-3-2，专门用来毒杀成虫。一般为封盖严密的磨口广口瓶。

毒瓶要注意清洁、防潮，妥善保存，并塞紧瓶塞，避免对人的毒害，破裂后远离水源深埋处理。

（4）**三角纸包**　如图 1-3-3，用于临时保存蛾蝶类昆虫的成虫。

（5）**活虫采集盒**　铁皮盒上装有透气金属纱和活动的盖孔，用来采装活虫。

（6）**采集箱（盒）**　防压的标本和需要及时插针的标本，以及用三角纸包装的标本，需放在木制的采集箱（盒）内。

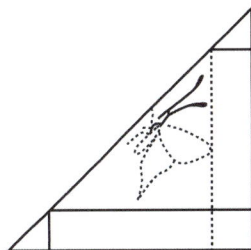

图 1-3-1 捕虫网   图 1-3-2 毒瓶   图 1-3-3 三角纸包

（7）指形管　一般使用的是平底指形管，用来保存幼虫或小成虫。

此外，还需要配备采集袋、诱虫灯、放大镜、修枝剪、镊子、记录本等用具。

2. 采集方法和注意事项

（1）采集方法　根据不同种类昆虫的生物学特性采用不同的采集方法。

·网捕法：对于飞行速度快的昆虫，可用捕虫网迎头捕捉，并立即挥动网柄，将网袋下部连虫一并甩到网圈上来。如捕到的是大型蝶蛾，可隔网捏住其胸部，使之失去活动能力，然后投入毒瓶；如捕到的是有毒的或刺人的蜂类，可将带虫的一段网袋捏住一齐塞入毒瓶中，毒死后再从网内取出。栖息于草丛或灌木丛的昆虫，可用网边走边扫。

·观察搜索法：在昆虫的栖息场所寻找昆虫：如地下害虫生活在土中，枝干害虫钻蛀在枝干中，叶部害虫生活在枝叶上，不少昆虫在枯枝落叶层、土石缝、树洞等处越冬，只要仔细观察、搜索，就可采获多种昆虫。

根据植物被害状来寻找昆虫：如被害状新鲜，害虫可能还未远离；如叶子发黄或有黄斑，可能找到红蜘蛛、叶蝉、蝽象等具刺吸式口器的害虫；如树木生长衰弱，树干下有新鲜虫粪或木屑，可能找到食叶和蛀干害虫。

·捕捉法：对于地面爬行或憩息于植物表面、活动迟缓的昆虫，可用镊子或徒手进行捕捉。

·诱集法：对于蛾类、蝼蛄、金龟子等有趋光性的昆虫，可在晚间用灯光诱集；夜蛾类、蝇类等有趋化性的昆虫，可用糖醋液或其他代用品诱集；还可利用雌虫的性外激素诱集雄虫等。此外，利用昆虫的特殊生活习性，设置诱集场所，如树干绑草，能捕到多种害虫。

·**击落法**：对于高大树木上的昆虫，可用摇晃树干振落的方法进行捕捉。有假死性的昆虫，经振动树干就会坠地；有拟态的昆虫，经振动就会起飞暴露目标，都可捕到昆虫。

（2）**采集注意事项**　采集时，遇到的成虫、卵、幼虫、蛹和被害状，要全部采集，一虫一袋（瓶），不要混淆。昆虫的足、翅、触角极易损坏，要小心保护。要及时做好采集记录，包括编号、采集日期、地点、采集人等，并将当时的环境条件、寄主和昆虫的生活习性等记录下来。

二、昆虫标本制作

1．干制标本制作

（1）**制作用具**　制作用具有昆虫针、三级台、展翅板、三角台纸。此外，还有幼虫吹胀干燥器、还软器、黏虫胶等。

（2）**制作方法**

·**插针**：除幼虫、蛹和小型个体外，都可制成针插标本，装盒保存。插针时，依标本的大小选用适当的虫针。其中 3 号针应用较多。虫针一般插在虫体重心处，如图 1-3-4，一方面为了插得牢固，另一方面为了不破坏虫体的鉴定特征。插针后，用三级台（图 1-3-5）调整虫体在针上的高度，方法是：①将虫体背面朝上置于三级台第三级，插针针尖朝下穿刺虫体到底；②将针连同虫体倒转过来，把有针帽

图 1-3-4　各种昆虫的插针部位
A．半翅目　B．直翅目　C．鞘翅目
D．鳞翅目　E．双翅目

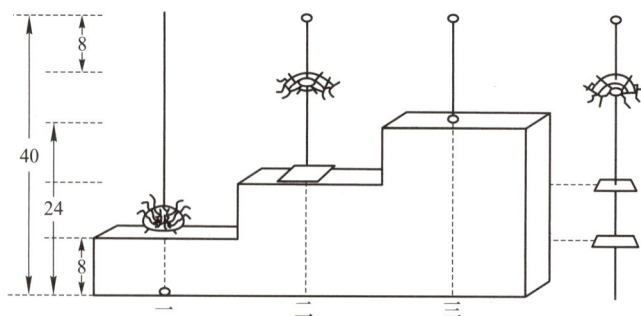

图 1-3-5　三级台（单位：mm）

的一端插入三级台第一级小孔到底，使虫体背面紧贴台面，即为标准的虫体在针上的位置（虫体背面距针帽 8 mm）；③将采集标签（写有采集地点、时间和采集人姓名）字朝上居中摆放在三级台第二级的小孔上，拔出一级台的带虫针，针尖朝下插入二级台；④将写有昆虫学名的鉴定标签字朝上居中摆放在三级台第一级的小孔上，拔出二级台的带虫、带采集标签针，针尖朝下插入一级台。通过三级台定位，能使昆虫标本达到整齐划一的效果。

· 整姿：甲虫、蝗虫、蟋螽等昆虫，插针后，需进行整姿。即调整昆虫姿态，使前足向前、中足向两侧、后足向后；触角短的斜伸向前方，触角长的伸向背两侧，使之保持自然姿态。姿态整理好后，用大头针固定，待干燥后即定形。

· 展翅：蛾、蝶等昆虫，针插后还需要展翅。将虫体插放在展翅板的槽内（彩图9），虫体的背面与展翅板表面相平，左、右同时拉动 1 对前翅，使 1 对前翅的后缘同在一条直线上，用大头针固定住。然后再拨后翅，将前翅的后缘压住后翅的前缘，左右对称，充分展平。然后用光滑的纸条压住，以大头针固定。5 ~ 7 天后即干燥、定形，可以取下。

2. 浸渍标本制作

体柔软或微小的成虫，除蛾、蝶之外的成虫和螨类，以及昆虫的卵、幼虫和蛹，都可以用 75% 乙醇（酒精）溶液保存在指形管、标本瓶内。15 天后，应更换 1 次酒精，以后视使用情况 1 年更换 1 次，便可长期保存。

3. 生活史标本制作

通过生活史标本，能够认识害虫的各个虫态，了解它的危害情况。制作时，先要收集或饲养得到昆虫的各个虫态（卵、各龄幼虫、蛹、雌、雄性成虫），植物被害状、天敌等（图 1-3-6）。

成虫需要整姿或展翅，干后备用。各龄幼虫和蛹需保存在封口的指形管内。将上述虫态分别装入盒中，贴上标签即可。

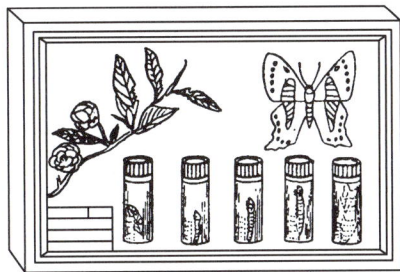

图 1-3-6 生活史标本

4. 玻片标本制作

微小昆虫和螨类需制成玻片标本，在显微镜下观察其特征。为了观察昆虫身体的某些细微部分以便鉴定，蛾、蝶、甲虫等的外生殖器也常制成玻片标本。一般采用阿拉伯胶封片法。胶液的配方是：阿拉伯胶 12 g、冰醋酸 5 mL、水合氯醛 20 g、50% 葡萄糖水溶液 5 mL、蒸馏水 30 mL。

5．标本标签

暂时保存的、未经制作和未经鉴定的标本，应有临时采集标签。标签上写明编号，采集的时间、地点、寄主和采集人。

制作后的标本应带有编号和采集标签，如属针插标本，应将采集标签插在第 2 级的高度。经过有关专家正式鉴定的标本，应在该标本之下附种名鉴定标签，插在昆虫针的下部。如属玻片标本，则将种名鉴定标签贴在玻片的另一端。

浸渍标本的临时标签，一般是在白色纸条上用铅笔注明编号、时间、地点、寄主和采集人，并将标签直接浸入临时保存液中。

玻片标本的标签应贴在玻片上，注明编号、时间、地点、寄主、采集人和制片人。

能力培养

昆虫干制标本的制作

采集当地昆虫并制作标本

1．训练准备

以小组为单位进行昆虫标本采集与制作。准备捕虫网、放大镜、镊子、毒瓶、枝剪、电工刀、采集箱、采集袋、诱虫灯、指形管、记录本、展翅板、剪刀、硫酸纸、昆虫针、大头针、三级台，75% 乙醇（浸渍液）、敌敌畏或乙酸乙酯（杀虫剂），蛾类图册、蛾类幼虫图册、中国森林昆虫、昆虫分类等资料。

2．采集昆虫并制作标本

见表 1-3-1。

表 1-3-1 采集昆虫并制作标本

工作环节		操作规程	操作要求
制作毒瓶		在磨口广口瓶的最下层,均匀铺放一层脱脂棉,加入 5 mL 敌敌畏或乙酸乙酯,上铺一层锯末,压实;最上面再加一层熟石膏粉,上铺吸水滤纸,压平实后,沿瓶口慢慢地加水,务必使水沿着瓶的内壁四周均匀下淌,以石膏湿润为度。做好后放在通风处晾 2 ~ 3 h,待瓶内石膏干燥固结即可使用	注意实验室的通风换气,做毒瓶时人要站在上风头,需戴口罩操作,药品严禁接触皮肤;毒瓶做成后,操作者要洗净手、脸。瓶口要盖紧,注意毒瓶的妥善保管,避免中毒事故发生;谨慎操作,注意安全
配制昆虫浸渍液		根据实际需要,按比例配制乙醇浸渍液	注意实验室的通风换气;配制浸渍液时,要戴手套进行操作
制定采集路线		结合实际情况,在苗圃、花圃、公园、绿地、校园附近或实习林场,选择合适路线	(1)地势相对平坦,便于通行 (2)路线要有代表性,有一定范围
采集标本		分组采集昆虫标本,可用网捕法、观察搜索法、击落法、诱集法、捕捉法进行;遇到成虫、卵、幼虫、蛹和植物被害状,要全部采集;将采好的标本分别编号	(1)采集时要注意标本完整,及时编号,做好采集记录 (2)捕捉幼虫时,用镊子轻夹,避免毒蛾、刺蛾等幼虫对捕捉者皮肤的伤害
制作干制标本	插针	依标本的大小选用适当的虫针,多用 3 号针。不同的昆虫种类,在虫体上按其重心位置,并顾及虫体的鉴定特征插针	插针后,用三级台调整虫体在针上的高度,其上部的留针长度约 8 mm
	展翅	采回的蛾、蝶类昆虫,趁其新鲜柔软,按展翅的技术要求,插针并展翅于展翅板上	使昆虫 1 对前翅的后缘同在一条直线上
	整姿	不需要展翅的昆虫,插针后,在泡沫塑料板上按要求进行整姿,以保持昆虫的自然姿态	前足向前,中足向两侧,后足向后;触角短的伸向前方,触角长的伸向背两侧
制作浸渍标本		体柔软或微小的成虫,除蛾、蝶之外的成虫和螨类,以及昆虫的卵、幼虫和蛹,均可以用浸渍液浸泡在指形管、标本瓶内来保存	指形管、标本瓶等封口要严密,防止浸渍液挥发散失
制作生活史标本		将采集或饲养得到昆虫的各个虫态(卵、各龄幼虫、蛹、雌成虫、雄成虫),植物被害状、天敌等,制成标本,分别装入盒中,贴上标签即可	成虫需要整姿或展翅,干后备用。各龄幼虫和蛹需保存在封口的指形管中
制作玻片标本		微小昆虫和螨类,需采用阿拉伯胶封片法制成玻片标本	用阿拉伯胶封片时,盖玻片四周要干净
昆虫种类鉴定		查阅蛾类图册、蛾类幼虫图册、中国森林昆虫图册、昆虫分类书刊等相关的参考资料,也可借助网络,鉴定采集的昆虫标本,并完成表 1-3-2	(1)鉴定昆虫种类,并贴好标签注明编号、采集时间、地点、寄主、采集人、制片人 (2)填写昆虫名录时,名称要规范、完整,各组之间进行展示比较

表 1-3-2 昆虫名录

编号	所属目	所属科	种名	备注

随堂练习

1. 简述昆虫标本采集的技术要求。
2. 简述昆虫干制标本制作的技术要点。

项目小结

```
                        ┌─ 昆虫主要特征的识别 ─┬─ 知识学习 ── 昆虫的基本特征；昆虫的
                        │                      │             分类依据
                        │                      └─ 能力培养 ── 当地昆虫种类及形态特
                        │                                     征的观察和识别
                        │
                        │                      ┌─ 知识学习 ── 昆虫变态及各虫态；昆虫生
探索昆虫世界 ───────────┼─ 昆虫生物学特性及主要 │             活史；昆虫的习性与行为；
                        │   类群的识别          │             昆虫分类
                        │                      └─ 能力培养 ── 昆虫习性观察和昆虫饲
                        │                                     养；昆虫主要类群识别
                        │
                        └─ 昆虫标本采集与制作 ─┬─ 知识学习 ── 昆虫标本采集；昆虫标本
                                                │             制作
                                                └─ 能力培养 ── 采集当地昆虫并制作标本
```

项目测试

一、名词解释

两性生殖 孤雌生殖 繁殖力 完全变态 不完全变态 孵化 羽化 龄期 世代 生活年史 世代重叠 休眠 滞育 性二型 性多型 补充营养 趋光性 趋化性 假死性 拟态

二、选择题

1. 下列昆虫中，属于完全变态的是（   ）。

    A．蚜虫   B．梨网蝽   C．天蛾   D．非洲蝼蛄

2. 两性生殖是多数昆虫的繁殖方式，以下可不经两性生殖的昆虫是（   ）。

    A．大蓑蛾   B．刺蛾   C．天牛   D．蚜虫

3. 下列昆虫中，（   ）属于鳞翅目昆虫。

    A．天牛   B．蝼蛄   C．刺蛾   D．梨网蝽

4．有些害虫能诱发煤污病，（　　　）属于此类害虫。

A．蚜虫　　　　　B．黄刺蛾　　　　C．桑天牛　　　　D．小地老虎

5．下列昆虫成虫具有雌雄二型的是（　　　）。

A．大袋蛾　　　　B．象甲　　　　　C．桑天牛　　　　D．刺蛾

6．昆虫幼虫的足有很多类型，天牛幼虫属于（　　　）。

A．多足型　　　　B．寡足型　　　　C．若虫型　　　　D．无足型

7．具有开掘足的昆虫是（　　　）。

A．蝼蛄　　　　　B．蝗虫　　　　　C．蝇类　　　　　D．步行虫

8．（　　　）的主要形态特征是，体长筒形；触角丝状，着生在额的突起上，常超过体长；复眼肾形，围于触角基部。

A．金龟子科　　　B．蚜虫科　　　　C．吉丁虫科　　　D．天牛科

9．被害树木叶片上出现缺刻、孔洞，这种害虫的口器为（　　　）。

A．刺吸式　　　　B．咀嚼式　　　　C．虹吸式　　　　D．锉吸式

10．被害树木叶片正面苍白色，或叶片皱缩，这种害虫的口器为（　　　）。

A．刺吸式　　　　B．咀嚼式　　　　C．虹吸式　　　　D．锉吸式

三、简答题

1．咀嚼式口器和刺吸式口器害虫各有什么防治要求？

2．完全变态与不完全变态有何差别？

3．简述昆虫幼虫期的特点及化学防治的有利时机。

4．简述昆虫世代划分的原则。

5．根据哪些特征可以把蛾类幼虫与叶蜂幼虫区分开？

6．休眠与滞育有何不同？

杀虫剂是如何对害虫起作用的

项目 1 链接一

昆虫与环境之间的关系

项目 1 链接二

四、综合分析题

1．结合周边绿地园林植物害虫发生情况，分析该生境害虫优势种群及其危害特点。

2．说说昆虫的哪些生物学习性可被利用来进行害虫防治。

项目 2

园林植物害虫防治技术

项目导入

在有"塞外苏杭"之称的扎兰屯，孙大哥承包了近200亩的东山苗圃，计划在那里种植丁香、金钱榆等园林绿化苗木。他利用扎兰屯的资源，繁育了一批糖槭、红瑞木等树苗，但还需要从赤峰调运一批扎兰屯没有的花灌木绿化树苗。

花灌木树苗顺利运到扎兰屯后，孙大哥很高兴地种植到了苗圃中。随着苗木的生长，出现了各种各样的病虫害问题。孙大哥连忙去请教植保专家，才知道原来调运种子、苗木等农林业生产资料，要去当地相关部门办理《植物检疫证书》，才能有效防止调运物资携带病虫害。植保专家根据孙大哥苗圃中的病虫害，开出一系列"药方"，孙大哥照单施用一段时间后，东山苗圃终于出圃了一批批当地城市绿化需要的花灌木。

园林植物害虫防治在园林绿化生产中占有重要地位。通过本项目的学习，同学们将学习植物检疫的程序，生物防治、物理防治和化学防治的基本方法和技术。

任务 2.1　植物检疫证书的办理

任务目标

知识目标：

1. 了解植物检疫的基本知识。

2. 掌握植物检疫的相关程序。

技能目标：

1. 会办理植物检疫证书。

2. 会填写相关植物检疫证书表格。

知识学习

一、植物检疫概述

1. 植物检疫的概念

植物检疫也称法规防治，是一个国家或地方政府颁布法令，设立专门机构，禁止或限制危险性病、虫、杂草人为地传入或传出，或者传入后为限制其继续扩展所采取的一系列措施，是保护植物生态的一项主要手段。

2. 植物检疫的任务

（1）禁止危险性病、虫、杂草随着植物及其产品由国外输入或从国内输出。

（2）将国内局部地区已发生的危险性病、虫、杂草封锁在一定的范围内，防止其扩散蔓延，并采取积极有效的措施，逐步予以清除。

（3）当危险性病、虫、杂草传入新的地区时，应采取紧急措施，及时就地消灭。

（4）保障植物及其产品的正常流通。

二、植物检疫措施

1. 对外检疫和对内检疫

对外检疫（国际检疫）是国家在对外港口、国际机场及国际交通要道设立检疫机构，对进出口的植物及其产品进行检疫处理，防止国外危险性病虫害及杂草的输入，同时也防止国内某些危险性的病虫害及杂草的输出。

对内检疫（国内检疫）是国内各级检疫机关，会同交通运输、邮电、供销及其他有关部门根据检疫条例，对所调运的植物及其产品进行检验和处理，以防止仅在国内局部地区发生的危险性病虫害及杂草的传播蔓延。我国对内检疫以产地检疫为主，道路检疫为辅。

对内检疫是对外检疫的基础，对外检疫是对内检疫的保障，两者紧密配合，互相促进，以达到保护农林业生产的目的。

根据《植物检疫条例》《植物检疫条例实施细则（农业部分）》和《植物检疫条例实施细则（林业部分）》的规定，花卉可以在县级以上地方各级农业主管部门或林业主管部门所属的植物检疫机构办理植物检疫证书；乔木、灌木、竹类等在县级以上地方各级林业主管部门所属的植物检疫机构办理植物检疫证书。

2. 划定疫区和保护区

根据《植物检疫条例》，局部发生检疫性有害生物的，应将发生区划为疫区，采取封锁、消灭措施，防止植物检疫性有害生物传出。发生地区已比较普遍的，则应将未发生的地区划为保护区，防止植物检疫性有害生物传入。

三、植物检疫性有害生物名单

国家林业局现为国家林业和草原局 2013 年第 4 号公告发布了新的《全国林业检疫性有害生物名单》，共 14 种，即：松材线虫、美国白蛾、苹果蠹蛾、红脂大小蠹、双钩异翅长蠹、杨干象、锈色棕榈象、青杨脊虎天牛、扶桑绵粉蚧、红火蚁、枣食蝇、落叶松枯梢病菌、松疱锈病菌、薇甘菊。

四、植物检疫程序

植物检疫包括产地检疫和调运检疫。

1. 产地检疫

产地检疫是检疫人员对申请检疫的单位或个人的种子、苗木和植物产品等在产地所进行的检查、检验和检疫处理。经产地检疫确认没有检疫性有害生物和应检病虫的种子、苗木或植物产品，发给《产地检疫合格证》，在调运时不再进行检疫，凭《产地检疫合格证》直接换取《植物检疫合格证书》；不合格者，不发《产地检疫合格证》，不准外调。

2. 调运检疫

调运检疫分为调出检疫和调入检疫。调运检疫程序包括报检、受理检疫、现场检疫、除害处理和签发《植物检疫合格证书》等5个环节。

（1）报检　承运单位或个人向所辖地区的农业或林业植物检疫机构申请调运检疫，并填写《植物检疫报检单》，出示《产地检疫合格证》（未经产地检疫的除外），提交调入地植物检疫机构出具的《植物检疫要求书》；若植物及其产品系外地调进的，需要调出时则应按照《农业植物调运检疫规程》或《森林植物检疫技术规程》的要求，出示《植物检疫合格证书》。

（2）受理检疫　检疫机构受理报检单后，受理检疫业务的检疫员，要认真审查报检单及所有单证、票证是否真实有效，并分析疫情，明确检疫要求。

（3）现场检疫　现场检疫时，应仔细核查植物及其产品标签上的品种、名称、产地、数量是否与报检单一致，有无掺假、冒名顶替等作弊现象。同时，分别按照《农业植物调运检疫规程》和《森林植物检疫技术规程》规定的比例和方法抽样，以确定是否带有检疫性有害生物，若能作出可靠判断的，当场即可作出放行或除害处理的决定；若现场不能作出可靠判断的，需再抽取一定数量的样本，连同现场检疫时发现的样本及其危害物，一并送室内或专家做进一步的化验或鉴定。

（4）除害处理　根据现行植物检疫法，对受检的植物及其产品，经现场检查、室内检验，发现检疫性有害生物或其他危险病虫的，植物检疫机构需签发《植物检疫处理通知单》，责令受检单位（个人）按规定要求进行除害处理。检疫除害处理的方法应该具备快速、高效、安全3个条件，目前主要方法有熏蒸、微波加热、水贮以及停运、责令退回或销毁等处理措施。

（5）签发《植物检疫合格证书》 检疫合格后要签发《植物检疫合格证书》，证书的正本交货主，随货寄运；1 份副本由承运人交收寄、托运单位留存；第 2 份副本寄收货方所属的植物检疫机构（省际调运的寄给调入省的植物检疫机构）；第 3 份副本与供货单位或个人提交的调运检疫报告单及植物检疫要求书一起留签证的植物检疫机构存档备案。目前，有些地区已开始实行网上开证与证件传输，其程序有些相应变化。

能力培养

植物检疫证书的办理

1．训练准备

以小组为单位，在有害生物发生季节，选择具有检疫性有害生物或危险性病虫存在的苗圃、花圃、种子林、母树林，联系本地区县级以上森林病虫害防治检疫站。

准备植物检疫相关表格，包括《植物检疫要求书》《植物检疫报检单》《植物检疫处理通知单》《植物检疫合格证书》《产地检疫合格证》等。

2．具体操作

为园林绿化企业办理一次植物检疫证书，熟悉办证流程（表 2-1-1），以及办理调运检疫流程（表 2-1-9）。

表 2-1-1 办理产地检疫

工作环节	操作规程	操作要求
检疫申报	申请单位（或个人）向当地植物检疫机构提出产地检疫申请	（1）申请单位（或个人）提供货物名称、包装、产地等基本情况的书面材料，填写《植物产地检疫申报表》（表 2-1-2） （2）提供申请单位法人证书或申请人身份证明复印件

续表

工作环节	操作规程	操作要求
检疫调查	由森林检疫机构指派检疫员到现场进行检疫	检疫人员根据不同检疫性有害生物的生物学特性，在病害发病盛期或末期、害虫危害高峰期或某一虫态发生高峰期进行，对种子园、母树林和采种基地（也可在收获期、种实入库前进行）。1年中调查次数不少于2次。填写《种实苗木产地检疫调查表》（表2-1-3）或《植物产地检疫田间调查表》（表2-1-4）
检疫处理	检出有检疫性有害生物或应检病虫的，应就地处理。常用处理方法有熏蒸处理、高温和低温处理、微波高频辐射处理、水浸灭种处理、化学药剂处理、组织培养脱毒处理等，对无法进行除害处理的根据具体情况改变用途或销毁处理	检疫人员填写《产地检疫记录表》（表2-1-5），告知申请单位（或个人）处理意见，并监督检疫处理
签发证书	签发《产地检疫合格证》	检疫合格和通过消毒或灭虫处理后复检合格的发给《产地检疫合格证》，并填写表2-1-6
换证	凭《产地检疫合格证》换取《植物检疫合格证书》	《产地检疫合格证》有效期为6个月，在有效期内不再检疫。检疫人员填写《植物检疫合格证书》（表2-1-7或表2-1-8）

表2-1-2　植物产地检疫申报表

产检申报号：

植物名称			
品种名称			
种子（苗）来源			
生产面积			
预计产量			
生产期限		起至	
申报单位（盖章）		受理机构（盖章）	
联 系 人		受理人	
联系电话		受理日期	
申报日期		登记时间	

表 2-1-3　种实苗木产地检疫调查表

1. 调查地点 _____；2. 树种 _____；
3. 种源 _____；4. 面积（总株数）_____；
5. 病虫名称（编号）_____；6. 发生面积 _____；
7. 发生特点（分布情况）_____；8. 防治措施及效果 _____；
9. 标准地调查记录 _____。

样地（株）号	面积	总株（粒）数	被害株（粒）数	感病（虫）率 %	虫口密度	各级病株（粒）数					感病指数
						I	II	III	IV	V	

调查单位：　　检疫员：　　　年　　月　　日

表 2-1-4　植物产地检疫田间调查表

编号：

地址	调查地点						
	地理位置	经度		纬度		海拔	
植物	植物名称			品种名称			
	调查日期			植物生长期			
	种植面积			核定产量			
有害生物	名　称						
	发生状况						
	抽样面积			发生面积			
	抽样株数			被害株数			
调查方法							
疫情总体结论				录入日期			
检疫机构							
检疫员（签名）							
当事人（签名）				记录员			
备　注							

表 2-1-5 产地检疫记录表

产检字第　　号

年　　月　　日

检疫地点	植物或产品名单	总数量 /kg、株、根	产地检疫情况				备　注
			抽查数量 /kg、株、根			危险病虫名称	
			合计	不带危险病虫数	带有危险病虫数		
处理意见							

表 2-1-6 产地检疫合格证

省（自治区、直辖市）

县植产检字 [　　] 年第　　号

受检单位（个人）	
通信地址	
植物及其产品名称	
数量	
产地检疫地点	
预定起运时间	
预定运往地点	

检疫结果：
经检疫检验，上列植物及其产品中未发现检疫性有害生物、补充检疫性有害生物和其他危险性病虫，产地检疫合格。
本证有效期：　　年　月　日至　　年　月　日
签发机关（盖植检专用章）　　　检疫人员：
签发日期　　年　月　日（签名或盖章）

备注	

表 2-1-7　植物检疫合格证书（省内）

植（　　　）检字

调运单位（人）及地址						
调运（承办）人姓名		身份证件号码		联系电话		
收货单位（人）及地址						
植物或植物产品来源				运输工具		
运输起讫	自	经	至			
有效期限	自　　　年　　月　　日至　　　年　　月　　日					

植物或植物产品名称	品名（或材种）	规格	单位	数量	备注

签发意见：上列调运的植物或植物产品，经（　　　　　　　　　　）检疫检验，未发现检疫性有害生物和本省（区、市）补充检疫性有害生物，同意调运。

签发机关：（盖植物检疫专用章）　　　　检疫员（签名）

检疫日期：　　年　月　日

注：1. 本证无调出地林业植物检疫机构检疫专用章和检疫员签名无效；
　　2. 本证转让、涂改和重复使用无效；
　　3. 一车（船）一证，全程有效。

表 2-1-8　植物检疫合格证书（出省）

植（　　　）检字

调运单位（人）及地址				
调运（承办）人姓名		身份证件号码		联系电话
收货单位（人）及地址				
植物或植物产品来源				运输工具
运输起讫	自　　　经　　　至			
有效期限	自　　年　　月　　日至　　年　　月　　日			

植物或植物产品名称	品名（或材种）	规格	单位	数量	备注

签发意见：上列调运的植物或植物产品，经（　　　　　　　　　　）检疫检验，未发现检疫性有害生物、本省（区、市）及调×省（区、市）补充检疫性有害生物、调×省（区、市）要求检疫的其他植物病虫，同意调运。

委托机关：（盖植物检疫专用章）
签发机关：（盖植物检疫专用章）
检疫员（签名）

检疫日期：　　年　　月　　日

注：1. 本证无调出地省植物检疫机构检疫专用章（受托办理本证的须再加盖承办签发机构的植物检疫专用章）和检疫员签名无效。
　　2. 本证转让、涂改和重复使用无效。
　　3. 一车（船）一证，全程有效。

表 2-1-9 办理调运检疫

工作环节	操作规程	操作要求
报检	阅读和填写检疫单证	（1）调出植物的单位和个人要填写《植物检疫报检表》（表 2-1-10 的双线以上内容）或《植物调运检疫申请书》（表 2-1-11） （2）要求调入省的单位或个人要填写《植物检疫要求书》（表 2-1-12）
现场检查	（1）检疫机构核查植物及其产品标签上的品种、名称、产地、数量是否与报检单一致 （2）按照《农业植物调运检疫规程》或《森林植物检疫技术规程》规定抽样检疫 （3）当场可作出决定的，放行或除害处理；现场不能作出可靠判断的，抽样送室内或专家作进一步的化验或鉴定	现场检查的主要方法：肉眼检查、过筛检查、X 射线检查、检疫犬检查等 （1）现场抽样要注意代表性和均匀性 （2）检查时注意运输、装载工具及货物存放场所周围有无害虫的排泄物、分泌物、蜕皮壳、虫卵、蛀孔等危害痕迹 （3）过筛检查植物颗粒时样品约为筛层高度的 2/3 检疫员填写《植物检疫报检表》（参见表 2-1-10）的检疫结果（双线以下内容）或《植物调运检疫检验单》（表 2-1-13）
实验室检测	确定检疫物中是否存在有害生物并进一步确定有害生物的种类 常用检测方法：密度检测、染色检测、洗涤检测、保湿萌芽检测、分离培养与接种检测、鉴别寄主检测、显微镜检测等	（1）密度检测时浸泡到饱和食盐水或硫酸铵溶液中搅拌 5～10 s，静止 1～2 min （2）病毒病染色检测时应在 5～10 min 内完成，植株避免截取受伤的叶片、枝、根 （3）洗涤检测对每一洗涤液至少要镜检 5 片玻片 （4）沙土萌芽检测以通过 1 mm 筛孔的沙粒最为合适
除害处理	检出有检疫性有害生物或应检病虫的，应就地处理。常用处理方法有熏蒸处理、高温和低温处理、微波高频辐射处理、水浸灭种处理、化学药剂处理、组织培养脱毒处理等，对无法进行除害处理的根据具体情况改变用途或销毁处理	（1）应设法使处理所造成的损失降低到最小 （2）彻底消灭病虫，杜绝有害生物的传播扩散 （3）应当安全可靠，保证无残毒，不污染环境 （4）应尽量保证植物的存活能力和繁殖能力 （5）检疫处理时要注意保护植物及产品和工作人员的安全 检疫人员填写《植物检疫除害处理通知单》（表 2-1-14）
结果评定	签证放行或停止调运	检疫合格和复检合格的发给《植物检疫合格证书》，否则停止调运。检疫人员填写表 2-1-7 或表 2-1-8

表 2-1-10　植物检疫报检表

编号：　　　　　　　　　　　　　　　　　　　　　　　　　　　检疫日期：

报检人（单位）		地址	
		电话	
植物及其产品名称		产地	
数量（重量）		包装	
运往地点		存放地点	
调出时间		运输工具	
调入省的检疫要求：			

检疫结果：

检疫员：
　　　年　月　日

附注：双线以上由报检人填写。

表 2-1-11　植物调运检疫申请书

编号：植调检第　　　　号　　　　　　　　　　　　　申请日期：　　　年　月　日

申请内容（货物调运单位或个人填写）	申请单位（盖章）			代理人	
	单位地址			电话	
	植物名称		植物类型		
	包装方式		件数		
	原产地		重量（株数）		
	运输工具		工具号码		
	起运地点		运往地点		
	报检地点		受检地点		
	发货单位				
	收货单位				
	货物市场单价				
	货物合同价值			合同编号	
	批件发放方式	○来人领取　　○特快专递邮寄　　○普通邮寄			
	其他申明				

续表

受理情况	受理意见		应收检疫费（元）	
	受理机关（盖章）			
	受理人（签名）		受理日期	

表 2-1-12　植物检疫要求书

编号：

调入单位或个人填写	申请单位（个人）		申请日期	年　月　日
	通信地址		电话	
	植物及其产品名称		数量（重量）	
	调入地点			
	调入时间			
森检机构填写	要求检疫对象名单			
	其他危险性病、虫		森检机构专用章 检疫员（签名）　 年　月　日	
	备注			

注：1. 本要求书一式二联，第一联由调入单位（个人）交调出单位；第二联森检机构留存。

　　2. 调出单位（个人）凭要求书向所在省、自治区、直辖市森检机构或其委托的单位报检。

表 2-1-13　植物调运检疫检验单

申请书与抽样编号		抽样数量	
检验结论		处理意见	
检验目的与方法			

续表

检疫机关（盖章）	
检疫员（签名）		检验日期	
备注	

表 2-1-14　植物检疫除害处理通知单

_____ 林检除字 [　　　] 第 [　　　] 号

受检单位（个人）	
通信地址	
植物及其产品名称	
数量	
产地或存放地点	
运输工具		包装材料	

经检疫检验，在上述植物及其产品中发现下列检疫性有害生物：

根据《植物检疫条例》第　　　条规定，请你（或你单位）于_____年_____月_____日前按下列要求进行除害处理：

检疫员（签名、盖章）： 检疫员执法证号： 签发机关（盖章） 　年　月　日	被检单位或个人（签名、盖章）： 　年　月　日

随堂练习

1. 报检产地检疫申请需要提供哪些材料？
2. 现场检查时抽取样品数量有什么规定？
3. 除害处理的措施有哪些？

任务 2.2 微生物制剂的使用

任务目标

知识目标：

1. 了解生物防治的基本知识。
2. 掌握病原微生物识别及利用。

技能目标：

1. 会正确使用白僵菌制剂。
2. 会填写白僵菌制剂使用统计分析表。

知识学习

生物防治是利用生物及其代谢物来控制病虫害的方法。

生物防治的特点是对人、畜、植物安全，害虫不产生抗性，天敌来源广，具有长期抑制作用。不足是起效慢，成本高，人工培养及使用技术要求比较严格。因此，生物防治应与其他防治措施相结合，才能充分发挥其应有的作用。典型的生物防治方法有以虫治虫、以微生物治虫、以鸟治虫、以蛛螨类治虫等。

一、天敌昆虫的利用

1. 捕食性天敌昆虫

捕食性天敌昆虫是专以其他昆虫或小动物为食物的昆虫。常见类群有：螳螂、瓢虫、草蛉、猎蝽和食蚜蝇等。这类昆虫一般个体比被捕食者大，在自然界中抑制害虫的作用十分明显。

2. 寄生性天敌昆虫

寄生性天敌昆虫在生命的某个时期或终身寄生在其他昆虫的体内或体表，以其体液和组织为食来维持生存，最终导致寄主昆虫死亡。这类昆虫体一般比寄主小，数量比寄主多。常见类群有：姬蜂、小茧蜂、蚜茧蜂、肿腿蜂、黑卵蜂、小蜂类和寄生蝇类。

3．天敌昆虫利用的途径和方法

（1）当地自然天敌昆虫的保护和利用

·对害虫进行人工防治时，可把采集到的混杂着害虫和天敌的卵、幼虫、茧蛹等放在害虫不易逃走而各种寄生性天敌昆虫能自由飞出的保护器内，待天敌昆虫羽化飞走后，再将未被寄生的害虫进行处理。

·化学防治时，应选用选择性强或残效期短的杀虫剂，选择适当的施药时期和方法，尽量减少用药次数，喷施杀虫剂时尽量避开天敌活动盛期，以减少杀虫剂对天敌的伤害。

·保护天敌越冬。瓢虫、螳螂等越冬时大多栖息在干基枯枝落叶层、树洞、石块下等处，寒冷地区常因低温的影响而大量死亡。因此，搜集越冬成虫带回室内保护，翌春天气回暖时再放回野外，这样可保护天敌安全越冬。

·改善天敌的营养条件。一些寄生蜂、寄生蝇成虫羽化后常需补充花蜜。如果成虫羽化后缺乏蜜源，常造成死亡，因此，园林植物栽植时要适当考虑蜜源植物的配置，以吸引害虫天敌，使它们保存一定的数量。

（2）人工大量繁殖释放天敌昆虫   在自然条件下，天敌的发展总是以害虫的发展为前提。害虫发生初期，由于天敌数量少，对害虫的控制力低，再加上化学防治的影响，园林植物的天敌数量减少，因此，采用人工大量繁殖的方法，繁殖一定数量的天敌，在害虫发生初期即释放到野外，可取得较显著的防治效果。目前，繁殖利用成功的天敌昆虫有赤眼蜂、异色瓢虫、黑缘红瓢虫、草蛉、蠋敌、平腹小蜂、管氏肿腿蜂和周氏啮小蜂等。

（3）移殖、引进外地天敌   天敌移殖是指天敌昆虫在本国范围内移地繁殖。天敌引进是指把天敌昆虫从一个国家引入另一个国家。我国从国外引进天敌虽有不少成功的事例，但失败的次数也很多，其主要原因是对天敌及其防治对象的生物学、生态学及它们的原产地了解不够。在天敌昆虫的移引过程中，要特别注意移引对象的一般生物学特性，选择好移引对象的虫态、时间及方法，应特别注意原产地与移入或引入地生态条件的差异。

（4）购买商品化的天敌昆虫   我国已实现规模化生产的天敌昆虫有：管氏肿

腿蜂、川硬皮肿腿蜂、赤眼蜂、白蛾周氏啮小蜂和斯氏线虫等。已经商品化的天敌昆虫种类有：松毛虫赤眼蜂、丽蚜小蜂、微小花蝽、食蚜瘿蚊、中华草蛉、七星瓢虫等。

二、微生物治虫

以微生物治虫是利用病原微生物来控制害虫群体数。能使昆虫得病而死的病原微生物有：真菌、细菌、病毒等。以微生物治虫在城镇街道、绿地小区、公园、风景区等具有较高的推广应用价值。

1. 虫生真菌

寄生在虫体上的真菌称虫生真菌。虫生真菌以其孢子或菌丝自体壁侵入昆虫体内，以虫体各种组织和体液为营养，随后虫体上长出菌丝，产生孢子，随风和水流进行再侵染。感病昆虫常食欲锐减、虫体萎缩，死后虫体僵硬，体表布满菌丝和孢子。

目前应用较为广泛的真菌制剂是白僵菌，它属于半知菌亚门，其分生孢子落在昆虫体上，在高湿条件下，即可萌发侵入昆虫体内并大量繁殖，吸收昆虫体液养分，分泌毒素，导致昆虫僵硬死亡。以后菌丝穿出昆虫体表，产生白色粉状分生孢子，再进行重复浸染。由于白僵菌致病力强、杀虫谱广、容易培养及飞扬扩散等特点，因此被选择用来控制鳞翅目、半翅目、鞘翅目和直翅目等害虫。白僵菌的剂型主要有粉剂、可湿性粉剂、无纺布菌条、粉炮等。

白僵菌对湿度的要求很高，在相对湿度 90% ~ 100% 的环境中生长繁殖最为适宜，相对湿度 75% 以下则孢子几乎不能萌发。白僵菌适应性较强，在适宜条件下可自行扩展，持续致病。对人、畜无害，一般在南方适温高湿环境中使用较适宜。

2. 细菌

病原细菌主要通过消化道侵入虫体内，杀死昆虫。被细菌感染的昆虫，食欲减退，口腔和肛门具黏性排泄物，死后虫体颜色加深，并迅速腐败变形、软化、组织溃烂，有恶臭味，通称软化病。

目前我国应用最广的细菌制剂主要有苏云金芽孢杆菌（松毛虫杆菌、青虫菌均为其变种）。这类制剂无公害，可与其他农药混用，并且对温度要求不高，在温度较高时繁殖率高，对鳞翅目幼虫防效好。

3. 病毒

昆虫的病毒病在昆虫中很普遍，利用病毒来防治害虫，其主要特点是专化性强，在自然情况下，病毒往往只寄生一种害虫，不存在污染与公害问题。昆虫感染病毒后，虫体多卧于或悬挂在叶片及植株表面，后期流出大量液体，但无臭味，体表无丝状物。

在已知的昆虫病毒中，防治应用较广的有核型多角体病毒（NPV）、颗粒体病毒（GV）和质型多角体病毒（CPV）三类。这些病毒主要感染鳞翅目、双翅目、膜翅目和鞘翅目幼虫。如上海使用大袋蛾核型多角体病毒防治大袋蛾，效果良好。

4. 杀虫素

某些微生物在代谢过程中能够产生杀死昆虫的活性物质，称为杀虫素。近几年大批量生产并取得显著成效的有阿维菌素、曲古霉素、华光霉素和浏阳霉素等。该类药剂杀虫效力高，不污染环境，对人畜无害，符合当前无公害生产的原则，因而极受欢迎。

三、益鸟的利用

目前，利用各种食虫鸟类防治害虫，引起了人们高度重视。常见的食虫鸟类有杜鹃、啄木鸟、红尾伯劳、黑枕黄鹂、灰卷尾、黑卷尾、红嘴蓝鹊、灰喜鹊、喜鹊、画眉、白眉翁、长尾翁、大山雀、戴胜和家燕等。很多鸟类一昼夜所吃的东西相当于它们本身的质量。目前，在城市风景区、森林公园等保护益鸟的主要做法是：严禁打鸟、人工悬挂巢箱招引鸟类定居，以及人工驯化等。

四、蛛螨类及线虫的利用

蜘蛛为肉食性，主要捕食昆虫，食料缺乏时也有相互残杀现象。根据蜘蛛是否结网，通常分为游猎型和结网型两大类。游猎型蜘蛛不结网，在地面、水面及植物体表面行游猎生活。结网型蜘蛛能结各种类型的网，借网捕捉飞翔的昆虫。

捕食螨是指捕食叶螨和植食性害虫的螨类。重要科有植绥螨科、长须螨科，这两个科中的种类如智利小植绥螨、尼氏钝绥螨、拟长毛钝绥螨等，已能人工饲养繁殖并释放于温室和野外，对防治叶螨收到良好效果。

有些线虫可寄生地下害虫和钻蛀性害虫，导致害虫生长受抑制或死亡。被线虫寄生的昆虫通常表现为褪色或膨胀、生长发育迟缓、繁殖能力降低，有的出现畸形。目前，国内已经商品化生产的有斯氏线虫，可有效防治天牛、木蠹蛾和沟眶象等害虫。

能力培养

白僵菌制剂的使用

1. 训练准备

以小组为单位，在有害生物发生季节，选择有食叶害虫和蛀干害虫发生的苗圃、花圃、公园、绿地、行道树等。根据实际情况，选择不同的白僵菌制剂使用方法。

准备白僵菌制剂（菌粉、粉炮、无纺布菌条等）、订书机、测绳、皮尺、弥雾喷粉机等施药器械，以及调查表格等。

2. 具体操作

见表 2-2-1。

表 2-2-1　白僵菌制剂的使用

工作环节	操作规程	操作要求
调查确定防治对象	在苗圃、公园或绿地，沿园路、人行道或自选路线，采用目测法边走边查；选取有代表性的样株详细调查，确定害虫种类及分布、危害的植物种类、危害部位	调查时仔细查看顶梢、叶片、茎干及枝条等处有无害虫及危害状，重点调查食叶害虫和蛀干害虫

续表

工作环节	操作规程	操作要求
统计防治面积或株数	确定防治作业地点，计算防治作业区域面积，统计株数。防治面积测算方法如下： （1）用测绳和皮尺丈量防治作业区域的长和宽，计算防治面积 （2）使用GPS面积测量仪：开机进入"面积测量"界面。按"开始"键后，将测量仪拿在手上或放在口袋里，围绕要测算的地块走一圈，然后按"停止"键，显示屏可直接显示面积（亩和平方米同时显示） （3）使用手机GPS定位测算面积：打开手机应用程序，操作流程同（2），即可画出行进轨迹，测出这个区域的面积	（1）面积小且形状规则的地块可以用测绳和皮尺测算面积 （2）1亩以下的面积不建议使用GPS面积测量仪，测出来的数据与实际误差较大 （3）使用手机GPS定位测算面积时，要等GPS接收信号稳定后，才能按"开始"键测量 （4）利用GPS测算不规则地块的面积，简便、实用；GPS定位精度越高，计算结果越准确
确定菌剂使用方法及用量	查阅相关参考资料，根据防治对象的种类和生活习性，确定菌剂使用方法。根据作业面积，结合菌剂标签或说明书标注的单位面积用药量，确定菌剂使用量	应详细了解防治对象的生活史；记住防治技术规程
组织实施	（1）食叶害虫：①喷粉：用弥雾喷粉机直接喷施50亿孢子/g的白僵菌菌粉；②喷雾：使用喷雾器0.5亿～2亿孢子/mL，在菌液中加0.002%洗衣粉可增加黏附力，要随配随用，以防孢子萌发，失去致病力；③粉炮放菌：高大的树木适宜粉炮放菌：点燃粉炮引线后，及时将粉炮抛向树冠上方，使粉炮在树木上方或树叶丛中爆炸，白僵菌均匀撒施于枝叶间。 （2）蛀干害虫：将白僵菌无纺布菌条缠绕在枝干上，菌条两端分别用订书针固定住，每株树3～4条（图2-2-1）。 各小组根据防治方案将任务分解，落实到每个人；各小组按要求进行防治	（1）防治适宜温度15～28℃，相对湿度80%以上 （2）喷粉可在阴天、雨后或晨露未干时进行 （3）掺入常用量的1/10～1/5杀虫剂可提高防治效果，白僵菌不能与杀菌剂混用 （4）白僵菌对人的皮肤有过敏反应，使用时应注意防护 （5）使用喷雾器等工具时要注意安全 （6）养蚕区慎用 （7）制剂应存放于干燥、阴凉处，避免高温和阳光直射
检查验收与效果评价	根据药剂种类确定防治效果检查日期，对防治结果进行总结、分析，写出防治报告，将资料归档	详细统计活虫数量与死虫数量，填写表2-2-2；根据统计数据进行统计分析，并提出改进措施

表2-2-2　白僵菌制剂防治记录表

地名			主要树种	
作业区编号			作业区面积	
温度		湿度	风向	

续表

剂型			撒菌方法	
撒菌时间			撒菌数量	
撒菌后效果调查	撒菌后天数（天）	平均虫口密度	害虫死亡率	僵虫率
	1			
	2			
	3			
	4			
	5			
	6			
	7			
	10			
	15			
	20			

调查者：　　　　　　　　　　　　　　　　　　　　调查日期：　　　年　月　日

图 2-2-1　白僵菌无纺布菌条防治天牛

随堂练习

1. 生物防治的特点是什么？
2. 常见的生物防治方法有哪些？
3. 撒播白僵菌粉剂对天气有什么要求？

任务 2.3　信息素诱捕器的安装使用

任务目标

知识目标：
1. 了解昆虫信息素的基本知识。
2. 掌握昆虫性信息素的应用。

技能目标：
1. 会正确安装使用信息素诱捕器。
2. 会统计分析信息素诱捕器的使用效果。

知识学习

一、昆虫激素分类

昆虫激素分内激素和外激素两大类。

昆虫内激素是由昆虫体内特定腺体分泌在体内的一类激素。分泌内激素的器官无导管与体外相通，只能分泌于体内，用以控制昆虫的生长发育和蜕皮。昆虫内激素主要有保幼激素、脱皮激素及脑激素。在害虫防治方面，如果人为改变内激素的含量（如施用人工合成的保幼激素类似物），可阻碍害虫正常的生理功能，造成畸形，甚至死亡。

昆虫外激素即信息素，是昆虫分泌器官通过导管分泌到体外的挥发性物质，是昆虫对它的同伴发出的信号，便于寻找异性和食物。已经发现的有：性外激素、结集外激素、追踪外激素及告警激素。目前研究应用最多的是雌性外激素（性信息素），马尾松毛虫、白杨透翅蛾、桃小食心虫、梨小食心虫和苹小卷叶蛾等昆虫的雌性外激素已能人工合成，在害虫预测预报和防治方面起到了非常重要的作用。

二、昆虫性信息素的应用

1. 诱杀法

利用性引诱剂将雄蛾诱来，配以黏胶、毒液等方法将其杀死。如利用某些性引诱剂来诱杀国槐小卷蛾、桃小食心虫、白杨透翅蛾和大袋蛾等，效果良好。

2. 迷向法

成虫发生期，在野外喷洒适量的性引诱剂，使其弥漫在大气中，使雄蛾无法辨认雌蛾，从而干扰其正常的交尾活动，从而降低其繁殖率，使后代数量自然衰减，将虫口密度控制在一定范围内。

3. 绝育法

将性引诱剂与绝育剂配合，用性引诱剂把雄蛾诱来，使其接触绝育剂后仍返回原地，这种绝育后的雄蛾与雌蛾交配后就会产下不正常的卵，降低虫口数量。

除此之外，昆虫性外激素还可应用于害虫的预测预报，即通过成虫期悬挂性引诱剂芯，统计不同时间段其上附着虫数，推导害虫发生初期、盛期、末期及发生量，指导施药时机和施药次数，减少环境污染和对天敌的伤害。

三、昆虫信息素诱捕器种类

昆虫信息素诱捕技术是害虫综合治理的重要组成部分，该技术已在某些害虫种群监测和大量诱杀中发挥重要的作用。昆虫信息素诱捕器具有专一、高效、无毒、无污染、不伤益虫、使用方便等优点。

根据对诱捕到害虫的致死方法，可以将信息素诱捕器分为黏性和非黏性诱捕器。黏性诱捕器有三角形诱捕器（图2-3-1）、船形诱捕器（图2-3-2）、拱形诱捕器等。非黏性诱捕器有漏斗形诱捕器（图2-3-3）、十字形诱捕器（图2-3-4）、桶形诱捕器（图2-3-5）、水盆形诱捕器等。

昆虫信息素诱捕器由诱芯和捕虫器两部分组成。诱芯是诱捕器的核心部分，它是一种含有定量性信息素并能以恒定速率释放的剂型，是性信息素的载体。诱芯内性信息素的含量和释放速率直接影响到诱捕器的诱捕量，一般诱芯内性信息素含量增加时，诱捕量也相应地增加，但达到某一最适量时，诱捕量就不再增加。

图 2-3-1　三角形诱捕器

图 2-3-2　船形诱捕器

图 2-3-3　漏斗形诱捕器

图 2-3-4　十字形诱捕器

图 2-3-5　桶形诱捕器

目前市面上已有的信息素剂型有橡胶帽诱芯、硅橡胶薄片、塑料夹层薄片、聚乙烯空心毛细管、塑料管诱芯、开口纤维剂型和微胶囊剂型等，用于诱捕器中的释放载体。

能力培养

信息素诱捕器的安装使用

1. 训练准备

选择有虫绿地，在害虫成虫即将羽化期进行。采用人工合成的昆虫诱芯，设置诱捕器进行虫情监测和诱杀防治。

准备昆虫诱捕器、人工合成诱芯、黏虫胶、双面胶、纸板、铁丝及监测记录表等。

2．具体操作

见表 2-3-1。

表 2-3-1 信息素诱捕器安装使用

工作环节	操作规程	操作要求
确定防治对象	通过调查确定苗圃、公园或绿地发生的害虫种类	结合当地历史资料确定防治对象
确定实施时间	根据当地历年目标害虫成虫羽化期，确定防治实施时间	单一虫种的诱捕在每一世代成虫始见前 3～5 天开始，终末后 3～5 天结束
确定防治地点	现场勘查，选择在地势开阔、周围无遮挡物地块设置诱捕器悬挂地点	应选择地势较高、通风较好、便于作业的地点挂设信息素诱捕器
选择诱捕器类型	根据目标害虫种类及习性，确定所要使用的诱捕器类型	常用的有三角形诱捕器、船形诱捕器、水盆形诱捕器、桶形诱捕器、漏斗形诱捕器等
确定诱捕器数量	每 100 m 设 1 个诱捕器，诱集半径为 50 m	根据苗圃、公园或绿地的面积和自然概况确定
安装诱捕器	（1）三角形诱捕器安装方法：①按划好的折线，将遮雨盖折成三角形，用铁丝从顶部两端的圆孔固定；②把涂好胶的板揭开，胶面朝上放在诱捕器底部；③诱芯用铁丝串起，挂于顶部圆孔处，诱芯应距离底部胶片 1～2 cm （2）桶形诱捕器安装方法：①扣合上桶和下桶，将上盖固定于上桶；②用铁丝穿过上盖的小孔，固定好诱捕器位置；③将诱芯的黑面粘在双面胶的一面，再将双面胶片粘在上盖下方的横片上，然后揭下诱芯的白色塑料膜；④将诱芯悬挂于距离上桶内口 1 cm 处；⑤下桶内置洗衣粉水和敌敌畏棉球 （3）其他不同型号诱捕器，按照其使用说明书进行安装	（1）诱捕器安装的位置、高度，以及气流情况会影响诱捕效果 （2）性信息素高度敏感，若同一时间段安装不同种害虫的诱芯每安装完一种便要洗干净手，再开始下一种的安装，以免性信息素失效 （3）性信息素产品易挥发，需在 −15～−5℃冰箱中冷藏。使用时再打开密封包装，并尽快用完诱芯

续表

工作环节	操作规程	操作要求
悬挂诱捕器	（1）诱捕器挂设的高度因虫种不同而异，还可定期移动诱捕器。诱捕舞毒蛾等食叶害虫，诱捕器要挂在高 4 m 左右，诱捕小蠹类以 2 m 左右最好。用于第 1 代和第 2 代监测时，下端距地面以 5～6 m（树冠中上层）为宜；用于越冬代监测时，下端距地面以 1.5～2 m（树冠下层）为宜 （2）引诱剂使用前，应充分摇匀，添加量要根据不同的引诱剂而定 （3）需定期巡查诱捕器，清洗集虫罐，补充水淹式集虫罐中的清水	（1）在成虫羽化高峰期，根据不同型号引诱剂的挥发速度，定期添药；若释放器使用时间较长，要清除释放器中的残留溶液 （2）风雨后，要检查诱捕器，清理残留杂物 （3）引诱剂属于易燃品，应遵守有关规定和安全使用方法
观察记录、结果分析	（1）定期检查诱捕器，从发现虫体开始，每天记录诱到的虫体数量，清理胶板蛾体，填写记录表 2-3-2 （2）每隔 7 天按不同类型、不同颜色和不同位置诱捕器统计雌、雄成虫的数量，填写表 2-3-3、表 2-3-4、表 2-3-5，比较评价不同诱捕器的使用效果 （3）写出防治报告，将资料归档	（1）详细统计雌、雄虫数量，并做好记录 （2）当发现胶板黏性降低时，应及时更换胶板，确保监测数据的准确性 （3）逐日记载诱集到的成虫数，即可得出害虫始见期、始盛期、高峰期、盛末期和结束期，进行数据统计分析，比较诱虫效果，并提出改进措施

表 2-3-2　诱捕器引诱剂诱捕到昆虫结果登记表

调查地点：　　　　　　　　　　　　　　　　　　　　　　　　天气：晴天□阴天□雨天□风□

诱捕器编号	诱捕剂类型	1 号诱芯		2 号诱芯		3 号诱芯		4 号诱芯		5 号诱芯		备注
		♀	♂	♀	♂	♀	♂	♀	♂	♀	♂	
1												
2												
3												
4												
5												
6												

调查人：　　　　　　　　　　　　　　　　　　　　　　　调查日期：　　　年　月　日

表 2-3-3   不同类型诱捕器诱捕昆虫数量

诱捕器形状	日平均诱虫量 / 头	周平均诱虫量 / 头	总诱虫量 / 头
三角形			
船形			
漏斗形			
桶形			

表 2-3-4   不同颜色诱捕器诱捕昆虫数量

诱捕器颜色	日平均诱虫量 / 头	周平均诱虫量 / 头	总诱虫量 / 头
红色			
黄色			
白色			
绿色			

表 2-3-5   不同悬挂高度诱捕器诱捕昆虫数量

诱捕器悬挂高度	日平均诱虫量 / 头	周平均诱虫量 / 头	总诱虫量 / 头

随堂练习

1. 信息素诱捕器挂设地点有什么要求?

2. 信息素诱捕器挂设数量有哪些规定?

3. 使用信息素诱捕器应注意哪些安全事项?

任务 2.4　诱虫灯的安装使用

任务目标

知识目标：

1. 了解物理机械防治的基本知识。
2. 掌握人工扑杀法、阻隔法、诱杀法等基本操作。

技能目标：

1. 会正确安装和使用诱虫灯。
2. 会填写并分析相关统计表。

知识学习

利用害虫的趋性，人为设置器械或饵物来诱杀害虫的方法称为诱杀法。利用此法还可以预测害虫的发生动态。常见的诱杀方法有以下四种。

一、灯光诱杀

灯光诱杀是利用害虫的趋光性，人为设置光源诱杀害虫的方法。目前生产上所用的光源主要是黑光灯，此外还有高压电网灭虫灯、高压汞灯、频振式杀虫灯、太阳能诱虫灯、双波灯、天思黏胶灭虫灯、光电生物灭虫器、LED灯等。

黑光灯是一种能辐射出 360 nm 紫外线的低气压汞气灯，而大多数害虫的视觉神经对波长 330 ~ 400 nm 的紫外线特别敏感，具有较强的趋光性，因而诱虫效果很好。利用黑光灯诱虫，诱集面积大，成本低，能消灭大量虫源，降低下一代的虫口密度，还可用于开展预测预报和科学实验，进行害虫种类、分布和虫口密度的调查，为防治工作提供科学依据。

二、食物诱杀

1. 毒饵诱杀

毒饵诱杀是利用害虫的趋化性，在其所喜欢的食物中掺入适量毒剂来诱杀害虫的方法。如蝼蛄、地老虎等地下害虫，可用麦麸、谷糠等做饵料，掺入适量敌百虫（美曲膦酯）、辛硫磷等药剂制成毒饵来诱杀。用糖、醋、酒、水、10%吡虫啉，按 9 : 3 : 1 : 10 : 1 的比例混合配成毒饵液，可以诱杀地老虎、黏虫等。

2. 饵木诱杀

许多蛀干害虫，如天牛、小蠹虫等喜欢在新伐倒的木材上产卵繁殖，饵木诱杀是在害虫的繁殖期，人为地放置一些木段，供其产卵，待卵全部孵化后进行剥皮烧毁，消灭其中的害虫的方法。

3. 植物诱杀

植物诱杀是利用害虫对某些植物有特殊的嗜食习性，人为种植或采集此种植物诱集捕杀害虫的方法。如种植一串红、灯笼花等叶背多毛植物，可诱杀温室白粉虱；种植七叶树、天竺葵可诱杀日本弧丽金龟；种植矢车菊、孔雀草可诱杀土壤中的线虫；在苗圃周围种植蓖麻，可使大黑鳃金龟、黑皱金龟误食后麻醉，从而集中捕杀。

三、潜所诱杀

潜所诱杀是利用某些害虫的越冬、化蛹或白天隐蔽的习性，人为设置类似的环境来诱杀害虫的方法。如在树干基部绑扎草把或麻布片，可引诱某些蛾类幼虫前来越冬；在苗圃内堆积新鲜杂草，能诱集地老虎幼虫潜伏草下；7月下旬草履蚧下树产卵，可在树干基部堆放石砾等，引诱雌虫产卵；北方地区的松毛虫在晚秋均要下树越冬，可在树基部堆放松针，引诱害虫潜入越冬，而后将诱集材料集中烧毁或深埋。

四、色板诱杀

将黄色黏胶板设置于园林植物丛中，可诱粘到大量有翅蚜、白粉虱、斑潜蝇等害虫；利用蓝色黏胶板可诱粘蓟马和种蝇，而种蝇对白板、青板也有趋性。

能力培养

诱虫灯的安装使用

1. 训练准备

选择有虫绿地作为训练场所，在害虫成虫即将羽化期进行。

准备诱虫灯、支架或基座、电源、捕虫工具（捕虫网、幕布、毒瓶、毒管、钢刷和毛刷）等。

2. 具体操作

见表 2-4-1。

表 2-4-1　诱虫灯的安装使用

工作环节	操作规程	操作要求
制订工作方案	防治对象具有较强趋光性。诱捕时间根据当地历年目标昆虫成虫羽化期而定	针对单一虫种的诱捕可在成虫始见前 3～5 天开始、终末后 3～5 天结束
	在校园或附近苗圃、绿地选择一块开阔、远离公路和灯源、人为干扰少、自然概况典型的地段	（1）地势平坦、面积大的绿地，在 50～100 m 的绿地外或在绿地中间空地处设诱捕点 （2）地势复杂、坡度大的绿地，在相对位置较高处设诱捕点
	诱虫灯类型应根据昆虫种类选择不同波长的灯管	供选类型：黑光灯、高压汞灯、频振式杀虫灯、太阳能诱虫灯、黏胶灭虫灯等
	诱虫灯绿地设置数量以灯光相互之间不影响为好，用于防治时可加大密度	根据虫种、灯管功率、绿地状况、月相和天气状况，确定诱虫灯有效诱捕距离

续表

工作环节	操作规程	操作要求
安装诱虫灯	（1）阅读产品说明书，熟悉杀虫灯的构造性能及技术指标 （2）箱内吊环固定在顶帽的圆孔内旋紧；将附带的边条用螺丝固定在接虫盘四周，接虫袋固定在接虫口上 （3）架设木制三脚架，接虫口与地面距离以 1～1.5 m 为宜 （4）按照灯的指定电压接通电源后，闭合电源开关，指示灯亮，经过 30 s 左右整灯进入工作状态，安装时要有高压电 （5）晚上按时开灯 （6）收灯后，将灯擦干净再放入包装箱内，并用泡沫板垫住下底部	（1）雷雨天气不要开灯 （2）诱虫灯设置点周围，应有明显警告标志和文字说明，禁止闲人靠近 （3）毒瓶和毒管应设专人专柜保管，严防盗用、丢失，一旦破碎，立即远离水源覆土深埋
管理与维护	（1）每天开灯前应检查系统是否漏电 （2）太阳落山后 30 min 开灯，太阳出山前 30 min 关灯 （3）太阳能板面应经常用绒布清理，以保持清洁和最佳充电状态 （4）每次观察后，应将诱虫灯清理干净	（1）为保证诱虫灯安全正常使用，需要设专人对其进行管理和维护 （2）诱虫灯使用前，对灯体本身和附属电力设备应进行检修 （3）接通电源后切勿触摸高压电网！出现故障后务必切断电源进行维修 （4）每天清理一次接虫袋和高压电网的污垢，清理时一定要切断电源，顺网横向清理；如污垢太厚，请更换新电网或将电网拆下，用清网剂清除污垢，然后重新绕好；绕制时一定注意两根高压电网不要交叉相搭，以免短路
昆虫收集	（1）在灯管下放置盛有水并加入杀虫剂的容器，杀死落入容器的目标昆虫 （2）采用红外线烘干系统的灯具，直接将诱集到的活虫烘干致死 （3）需鉴定或制作昆虫标本的，可在距诱虫灯 3～5 m 处挂置幕布，用捕虫网和毒瓶、毒管在幕布上捕捉活虫	
观察记录、结果分析	（1）发生期调查，可 1～3 天调查 1 次；发生量调查，可 3～5 天调查 1 次，记录每次诱捕结果填写表 2-4-2、表 2-4-3、表 2-4-4 （2）即时进行数据处理 （3）分析统计结果，确定目标昆虫发生高峰期	（1）诱捕到的昆虫数量、天气变化和诱虫灯挪动、损坏、更新情况应详细记录 （2）目标昆虫应及时编号、记录、鉴定

表 2-4-2 诱虫灯设置情况记录表

名称	省	市	县	代码	
公园名称			代码		小班号	
诱虫灯编号		挪动、损坏、更新情况			
地理坐标	经度	纬度		海拔高度 /m	
植物类型					
主要树种		绿化面积 /hm²		单位株数 /（株 /hm²）	
树龄 /a			郁闭度		
胸径 /cm			树高 /m		
同期发生主要有害生物种类					
有虫株率 /%		虫口密度 /（头 / 株）			

调查人：　　　　　　　　　　　　　　　　　　调查时间：　　　年　　月　　日

填写说明：

（1）省、县、公园，小班代码为 01 ～ 99，均由本单位的上一级单位统一编码，编后保持不变。

（2）诱虫灯编号：001 ～ 999，以县为单位统一编码，编后保持不变。

（3）该表统计周围树木的虫情，在主要有害生物每代发生为害时调查 1 次，每个诱虫灯只填一张表。

表 2-4-3 单灯诱捕记录表

诱虫灯编号：　　　　　　　　　　　　　　天气：晴天□阴天□雨天□风□

昆虫种类	诱虫数量 / 头			备注
	合计	雌	雄	
总计				

记录人：　　　　　　　　　　　　　　　　记录日期　　　年　　月　　日

填写说明：

（1）将每个诱虫灯诱集的昆虫按种类（或大类）数量填表，不能确定种类的编号填入。

（2）备注记载主要危害树种，以及天气、灯具变动等异常情况。

表 2-4-4　单一虫种诱虫灯记录表

诱虫灯编号：　　　　　　　　　　　　　　虫种：　　　天气：晴天□阴天□雨天□风□

诱虫日期	诱虫数量 / 头			备注
	合计	雌	雄	
总天数				

记录人：　　　　　　　　　　　　　　　　记录日期　　　年　　月　　日

填写说明：

（1）将每个诱虫灯诱集的昆虫按单一种类昆虫数量填写。

（2）备注里记载天气、灯具变动等异常情况。

随堂练习

1. 安装诱虫灯时，对诱捕地点选择有什么要求？

2. 安装诱虫灯时有哪些要求？

3. 使用诱虫灯时有哪些注意事项？

任务 2.5　农药性状观察、配制及使用

任务目标

知识目标：

1. 了解农药的基本知识，熟悉常用农药的性状和特点。

2. 掌握农药的剂型及使用方法。

3. 了解农药的毒性及在农药标签中的标志。

4. 掌握农药的配制和稀释方法。

能力目标：

1. 能识别常用的杀虫剂。

2. 熟悉农药标签中各项的含义，辨别农药的真假。

3. 会配制和稀释常用的农药。

4. 会使用简单器械进行害虫的化学防治。

知识学习

　　用农药来防治害虫、病原物、杂草等有害生物的方法，称为化学防治。它具有收效快、防治效果好、使用方法简单、受季节限制较小、适合大面积使用等优点。但化学防治也有明显的缺点，概括起来可称为"三 R 问题"，即施用一定时间或达一定量时，病虫可产生抗药性；病虫产生抗药性后，需加大剂量或研制更新的药品，才能抑制病虫的再猖獗；农药多为有机物，不易降解，易残留于土壤等环境中，危及其他生物的生存，如益虫、鸟类、蜜蜂，从而破坏生态环境。

一、农药的基本知识

1. 农药的分类

农药是指防治危害植物及其产品的病、虫、杂草、鼠等有害生物的化学物质。农药的种类很多，分类方式如图 2-5-1。

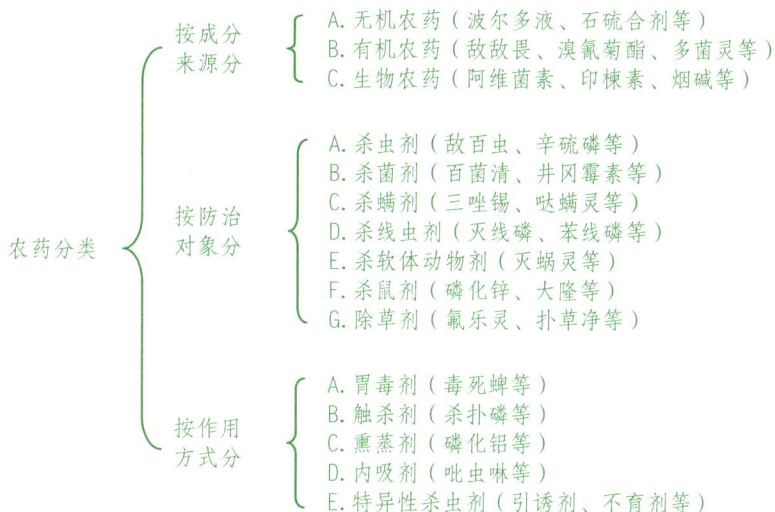

农药分类
- 按成分来源分
  - A. 无机农药（波尔多液、石硫合剂等）
  - B. 有机农药（敌敌畏、溴氰菊酯、多菌灵等）
  - C. 生物农药（阿维菌素、印楝素、烟碱等）
- 按防治对象分
  - A. 杀虫剂（敌百虫、辛硫磷等）
  - B. 杀菌剂（百菌清、井冈霉素等）
  - C. 杀螨剂（三唑锡、哒螨灵等）
  - D. 杀线虫剂（灭线磷、苯线磷等）
  - E. 杀软体动物剂（灭蜗灵等）
  - F. 杀鼠剂（磷化锌、大隆等）
  - G. 除草剂（氟乐灵、扑草净等）
- 按作用方式分
  - A. 胃毒剂（毒死蜱等）
  - B. 触杀剂（杀扑磷等）
  - C. 熏蒸剂（磷化铝等）
  - D. 内吸剂（吡虫啉等）
  - E. 特异性杀虫剂（引诱剂、不育剂等）

图 2-5-1　农药的分类

2. 农药的剂型

农药的原药一般不能直接使用，必须加工成各种类型的制剂。农药的原药加入辅助剂后制成的药剂形态，称为剂型。常用的农药剂型有以下几种。

（1）乳油　在原药中加入一定量的乳化剂和溶剂，制成透明的油状剂型。乳油可溶于水，加水稀释后，用来喷雾。使用乳油防治害虫的效果比其他剂型好，耐雨水冲刷，易于渗透。如 80% 敌敌畏乳油。

（2）粉剂　在原药中加入惰性填充剂（如黏土、高岭土、滑石粉等），经机械磨碎为粉状，一般细度为 95% 通过 200 筛目。粉剂不溶于水，适合喷粉、撒粉、拌种或用来制成毒饵。如 25% 敌百虫粉剂。粉剂不能用来喷雾，否则易产生药害。

（3）可湿性粉剂　在原药中加入一定量的湿润剂和填充剂，通过机械研磨或气流粉碎而成。可湿性粉剂用水稀释后作喷雾用。如 10% 吡虫啉可湿性粉剂。

（4）颗粒剂　原药加载体（黏土、玉米芯等）制成颗粒状制剂。颗粒剂残效期长，用药量少，主要用于土壤处理。如 5% 辛硫磷颗粒剂。

（5）烟剂　用原药、氧化剂、燃料、降温剂和阻燃剂按一定比例混合、磨碎，通过 80 号筛目过筛而成。点燃后无焰燃烧，农药受热挥发，在空中再冷却成微小的颗粒弥散在空中杀虫或灭菌。适用于防治高大树木上的害虫或温室大棚中的害虫。如 741 敌敌畏插管烟剂。

（6）油剂　由原药加入低挥发性油做溶剂，加少量助溶剂制成的一种制剂。用于弥雾或超低容量喷雾。油剂使用时不能兑水稀释。如 22.5% 敌敌畏油剂。

（7）可溶性粉剂（水剂）　用水溶性固体原药加水溶性填料及少量助溶剂制成的粉末状制剂，兑水进行喷雾。如 45% 啶虫脒·杀虫单可溶性粉剂。

（8）微胶囊剂　是将原药包入某种高分子微胶囊中，触破后缓慢释放有效成分的一种剂型。如 8% 氯氰菊酯触破式微胶囊剂。

此外还有片剂、熏蒸剂、缓释剂、悬浮剂等。

3．农药的毒性及农药标签

（1）农药的毒性　农药的毒性是指农药对人、畜、禽、鱼等产生的毒害作用。我国农药毒性分级标准是根据大白鼠 1 次口服农药原药急性中毒的致死中量（LD_{50}）划分的。所谓致死中量即毒死一半供试动物所需的药量，单位为 mg/kg，意思为致死半数动物时，每千克体重动物所需药剂的毫克数。致死中量 ≤ 5 mg/kg 的为剧毒农药；致死中量 5～50 mg/kg 的为高毒农药；致死中量 50～500 mg/kg 的为中等毒性农药；致死中量 500～5 000 mg/kg 的为低毒农药；致死中量 > 5 000 mg/kg 的为微毒农药。

（2）农药标签和说明书　农药产品按规定应在包装物表面贴有标签。产品包装尺寸过小、标签无法标注规定内容的，应当附具相应的说明书。农药标签主要包括以下几个方面。

·农药名称：农药的名称一般由原药名称（或通用名称）、农药有效成分含量和剂型组成，如图 2-5-2，原药名称：敌敌畏；有效成分含量 80%；剂型：乳油。

·农药"三证"：农药"三证"指的是农药登记证、生产许可证和产品标准证，国家批准生产的农药必须"三证"齐全，缺一不可。

·净重或净容量：指农药的重量或容积。

·使用说明：简述使用时期、稀释倍数、使用方法、限用浓度及单位面积用药量等。

图 2-5-2　农药标签

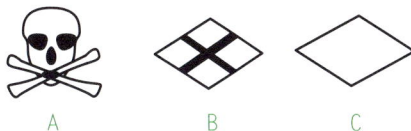

图 2-5-3　农药的毒性
A.高毒　B.中毒　C.低毒

　　·注意事项：包括中毒症状和急救治疗措施；安全间隔期，即最后一次施药距收获时的天数；贮藏运输的特殊要求；对天敌和环境的影响等。

　　·批号及质量保证期：一是注明生产日期和质量保证期（质保期）；二是注明产品批号和批号有效日期；三是注明失效日期。一般农药的质保期是 2～3 年。农药应在质保期内使用，才能保证安全和防治效果。

　　·农药毒性与标志：毒性的标志和文字描述皆用红字，十分醒目。图 2-5-3 为农药毒性在农药标签中的标志。

　　·农药种类标志色带：农药类别采用相应的文字和特征颜色标志带表示。不同类别的农药采用在标签底部加一条与底边平行的、不褪色的特征颜色标志带表示。农药种类的描述文字镶嵌在标志带上（彩图 10）。

4．农药的药害

　　由于用药不当而造成农药对植物的毒害作用，称为药害。植物遭受药害后，常在叶、花、果等部位出现变色、畸形、枯萎焦灼等药害症状，严重者造成植株死亡。药害产生的原因有：①药剂因素：由于用药浓度过高或者农药的质量太差，常会引起药害；②植物因素：处于开花期、幼苗期的植物，容易遭受药害，杏、梅、樱花等植物对敌敌畏、乐果等农药较其他树木更易产生药害；③气候因素：在高温、潮湿等恶劣的天气条件下用药，容易产生药害。

　　根据国家《农药管理条例》的规定，以下农药属于假农药或劣质农药：

　　（1）假农药

　　·以非农药冒充农药或者以此种农药冒充他种农药的，即农药中无防治病虫害的有效成分，或者以较便宜但无特定防治效果的甲农药冒充能够防治特定病虫害的乙农药。

　　·所含有效成分的种类、名称与产品标签或者说明书上注明的农药有效成分的种类、名称不符的。

（2）劣质农药

·不符合农药产品质量标准的。

·失去使用效能的。

·混有导致药害等有害成分的。

（3）真假农药的识别

常规鉴别真假和优劣农药的方法主要是观察农药的外包装和农药的物质形态。

对农药外包装的鉴别主要包括包装外观、通用名称、合格证等的鉴别。真品的包装一般都比较坚固，商标色彩鲜明，字迹清晰，封口严密，边缘整齐。标签内容首先要看"三证号"，即农药登记证号、生产许可证号（生产批准证书）和执行标准号，"三证号"不全的产品不能购买。其次，在农药标签的底部，应有一条用来标志农药产品种类的色带。购买农药，关键是要看通用名称，其次才是商品名称。

现在的假劣农药产品花样翻新，有时简单地查看标签可能会被蒙蔽，还需通过观察农药形态来进一步辨别农药优劣。①粉剂、可湿性粉剂应为疏松粉末，无团块；如有结块或较多颗粒、产品颜色不匀，说明存在质量问题。②乳油应为匀相液体，无沉淀或悬浮物，如出现分层和混浊现象，加水稀释后的乳状液不均匀或有浮油、沉淀物，说明有质量问题。③悬浮剂应为可流动的悬浮液，无结块，长期存放可能存在分层现象，但经摇晃后应能恢复原状；如果经摇晃后，产品不能恢复原状或仍有结块，说明存在质量问题。④熏蒸用的片剂如果呈粉末状，表明已失效。⑤颗粒剂应粗细均匀，不应含有许多粉末。

此外，登录"中国农药信息网"点击网上查询系统，输入登记证号，即可得知登记证号的真伪及农业部备案电子版标签；还可通过检索《农药管理信息汇编》，来辨别农药产品的真假。

二、农药的使用方法

农药使用
方法

1. 喷雾

喷雾是用喷雾器械将药液均匀地喷布于防治对象及目标植物上，是目前生产上应用最广泛的一种方法。优点是速度快、省劳力、效果好。缺点是需要用水。喷雾时，雾滴大影响防治效果。适合喷雾的剂型有乳油、可湿性粉剂、可溶性粉剂和悬浮剂等。喷雾时间要选择 1 ～ 2 级风或无风晴天，中午不宜作业。

超低容量喷雾采用离心旋转式喷头，使用油剂。优点是用药量少，操作简便，工效高，不需加水稀释，防治效果好，特别适合水源缺乏的地区使用。缺点是受风力影响大，对农药剂型有一定的要求。

2. 喷粉

喷粉是利用喷粉器械产生的风力，将粉剂均匀地喷施在目标植物上。优点是简单，不用水。缺点是用药量大，黏附性差，易被风吹或雨水冲刷，污染环境。喷粉宜在早晚叶面有露水或雨后叶面潮湿且静风条件下进行，使粉剂易于在叶面沉积附着，提高防治效果。适于喷粉的剂型只有粉剂。

3. 拌种、浸种或浸苗、闷种

拌种是指播种前用一定量的药粉或药液与种子均匀混合的方法，用以防治种子带菌和地下害虫。拌种药剂量一般为种子重的 0.2% ～ 0.5%。浸种或浸苗是指把种子或苗木浸入一定浓度的药液中，经一段时间后取出晾干即可播种或栽植。闷种是把种子摊在地上，把稀释好的药液均匀地喷洒在种子上，并搅拌均匀，然后堆起并用麻袋等物覆盖熏闷，经一昼夜后，晾干即可。

4. 土壤处理

土壤处理是将药粉用细土、细沙、炉灰等混合均匀，撒施于地面，然后进行耕耙等，主要用于防治地下害虫或某一时期在地面活动的昆虫。

5. 毒谷、毒饵

毒谷是用谷子、高粱、玉米等谷物作饵料，煮至半熟有一定香味时，取出晾干，拌上胃毒剂，然后与种子同播或撒施于地面，引诱害虫前来取食，从而消灭害虫的方法。毒饵是利用害虫的趋化性，将农药与害虫喜食的饵料混合在一起，常用来诱杀蛴螬、蝼蛄、小地老虎等地下害虫。毒饵的饵料可选用各种谷物、糠麸、薯类、杂草、食用油料的残渣等。使用时应根据害虫取食习性，于傍晚撒布于田间诱杀。

6．熏蒸

熏蒸是利用熏蒸剂或易挥发的药剂来熏杀病虫的方法。一般在密闭的容器或空间进行，主要用于防治温室大棚、仓库、蛀干害虫和种苗上的病虫。

7．注射法、打孔注射法

注射法是用注射机或兽用注射器将药剂注入树体内部，使药剂在树体内传导运输而杀死害虫，多用于防治天牛、木蠹蛾等钻蛀性害虫。打孔注射法是用打孔器或钻头等利器在树干基部钻一斜孔，钻孔的方向与树干约呈40°的夹角，深约5 cm，然后注入内吸剂，最后用泥封口，可防治食叶害虫、吸汁类害虫及蛀干害虫等。

8．刮皮涂环

距干基一定的高度，刮2个相错的半环（刮至树皮刚露白茬），两半环相距约10 cm，半环长度约15 cm。半环分别涂上内吸性药剂，剂量以药液刚外流为止，最后外包塑料薄膜（1周后及时拆掉）。

此外，还有地下根施农药、毒笔、毒绳、毒签等方法。

三、农药稀释的计算

1．按倍数法计算

农药加水稀释，一般都是按质量倍数计算。在实际应用中，常根据稀释倍数大小分为内比法和外比法。内比法适用于稀释倍数在100倍以下的药剂，计算时要在总份数中扣除原药剂所占份数，计算公式为：

$$稀释剂用量＝原药剂用量 \times 稀释倍数－原药剂用量$$

外比法适用于稀释100倍以上的药剂，计算时不扣除原药剂在总份数中所占份额，计算公式为：

$$稀释剂用量＝原药剂用量 \times 稀释倍数$$

2．按有效成分计算

计算公式为：

$$原药剂浓度 \times 原药剂质量＝稀释后浓度 \times 稀释后药液质量$$

四、农药的合理使用

合理用药应贯彻"经济、安全、有效"的原则，从综合治理的角度出发，运用生态学的观点来使用农药。在生产中应注意以下几个方面。

1．正确选药

各种药剂都有一定的性能及防治范围。了解农药的性能、防治对象及掌握病虫害发生规律，才能正确选用农药的品种、浓度和用药量，避免盲目用药。一般选用高效、低毒、低残留的药剂。

2．适时用药

用药时必须选择最有利的防治时机，既可以有效地防治害虫，又不杀伤害虫的天敌。无论是防治哪一种害虫，在用药前都应当首先调查天敌的情况。如果天敌的种群数量较大，益 / 害 ≥ 1/5，足以控制害虫数量，就不必进行药剂防治；如果施药期恰逢天敌正处于幼龄期，则应当考虑适当推迟用药时间。

3．交替用药

为了避免长期使用一种农药使害虫产生抗药性，应当注意交替使用农药。交替用药的原则是：在不同的年份（或季节），交替使用不同类型的农药。但不是每次都换药，频繁换药会加快害虫抗药性的产生，适得其反。

4．混合用药

正确混合使用农药不仅可以提高农药药效，而且还可以延缓害虫抗药性的产生，同时防治多种害虫；反之，不仅会降低药效，还会加速害虫抗药性的产生。

正确混合使用农药的原则是：①可以将不同类型的农药混合使用。例如乐斯本和吡虫啉混合使用，可以提高对刺吸式口器害虫的防治效果。阿维菌素和杀虫单或灭幼脲复配混用，可以达到防治多种害虫、高效低毒长效目标，目前已有阿维杀虫单复配剂、阿维灭幼脲复配剂面市。此外，用三唑酮防治白粉病、锈病时，可与乐果、敌敌畏等多种杀虫剂混合使用，兼治害虫。②不能将同一类型农药中的不同品种混合使用，以免导致交互抗性产生。③严禁将易产生化学反应的农药混合使用。如用农用链霉素防治细菌性病害时，可与有机磷类农药混用，兼治害虫，但切勿与碱性农药混用。大多数农药属于酸性物质，在碱性条件下会分解失效。

5．安全用药

农药安全使用包括操作人员的安全、植物的安全、消费者的安全、环境的安全以及贮运的安全等。在配药、喷药时，操作人员必须做好个人防护，防止农药污染皮肤；中午高温时，不要喷高毒农药，连续喷药时间不能过长；操作现场应保管好药液和毒谷、毒种等，防止人、畜误食中毒；生产上要准确掌握用药量，按照使用说明书正确施药，以免产生药害及造成环境污染。

五、常用杀虫剂、杀螨剂简介

常用杀虫剂、杀螨剂见表 2-5-1。

表 2-5-1   主要杀虫剂、杀螨剂品种特性一览表

类别	药剂名称	常见剂型	毒性	作用方式	残效期/天	使用方法	主要防治对象	备注
磷酸酯类	敌百虫	90% 结晶粉 80% 可溶性粉剂	中毒	胃毒、触杀	7～8	喷雾 喷粉	咀嚼式口器害虫	
	敌敌畏	50% 乳油 80% 乳油	高毒	熏蒸、胃毒、触杀	2～3	喷雾 熏蒸	极广谱	
	辛硫磷	50% 乳油 5% 颗粒剂	低毒	触杀、胃毒	2～3	喷雾、种子土壤处理	广谱	易光解，宜傍晚施用
	乐果	40% 乳油	剧毒	内吸、触杀、胃毒	7～8	喷雾、涂抹种子	刺吸式口器害虫	
氨基甲酸酯类	甲萘威	25% 可湿性粉剂	低毒	触杀、胃毒	7～8	喷雾	广谱	
	灭多威	10% 可湿性粉剂 20% 乳油 24% 可溶性水剂	高毒	内吸、触杀、胃毒	7～8	喷雾 土壤处理	广谱	不可与碱性农药混用

续表

类别	药剂名称	常见剂型	毒性	作用方式	残效期/天	使用方法	主要防治对象	备注
拟除虫菊酯类	溴氰菊酯	2.5% 乳油 2.5% 可湿性粉剂	中毒	触杀、胃毒	10	喷雾	广谱	
	氯氟氰菊酯	2.5% 乳油	高毒	触杀、胃毒	10	喷雾	广谱	防治螨、蚧类害虫
氯化烟酰类	吡虫啉	5% 可湿性粉剂 5% 乳油 10% 可湿性粉剂	低毒	内吸、触杀、驱避	≥ 35	喷雾 种子土壤处理	吸汁害虫	超高效内吸性杀虫剂
	啶虫脒	3% 乳油 20% 可湿性粉剂	中毒	内吸	13 ~ 22	喷雾 浸根	半翅目 鳞翅目	
苯甲酰脲类	灭幼脲	25% 胶悬剂 50% 胶悬剂	低毒	胃毒、触杀	15 ~ 20	喷雾	鳞翅目幼虫	广谱特异性杀虫剂
植物源杀虫剂	烟碱	2% 水剂	中毒	内吸、触杀、熏蒸		喷雾	半翅目 鳞翅目	具有杀卵作用
	印楝素	0.3% 乳油	无毒	内吸、触杀、拒食、驱避		喷雾	广谱	新型植物杀虫剂
	除虫菊素	3% 乳油	低毒	触杀		喷雾	半翅目 鳞翅目	无熏蒸和传导作用
微生物源杀虫剂	苏云金杆菌	乳油 可湿性粉剂	低毒	胃毒		喷雾	鳞翅目	可与敌百虫、菊酯类农药混合使用
	白僵菌	粉剂、颗粒剂	低毒	胃毒		喷雾	鳞翅目 鞘翅目等	
	阿维菌素	1.8% 乳油 0.9% 乳油	高毒	触杀、胃毒		喷雾	鳞翅目 螨类	有内渗作用,可防治潜叶蝇、潜叶蛾
杀螨剂	三唑锡	25% 可湿性粉剂	中毒	触杀	15	喷雾	螨类	对越冬卵无效
	炔螨特	30% 可湿性粉剂 73% 乳油	低毒	触杀、胃毒	15	喷雾	螨类	对螨卵效果差
	哒螨灵	15% 乳油 20% 可湿性粉剂	低毒	触杀	30 ~ 60	喷雾	广谱杀螨剂	对螨各个生育期均有效

能力培养

农药性状观察、配制及使用

1. 训练准备

以小组为单位，准备 90% 敌百虫可溶性粉剂、80% 敌敌畏乳油、10% 吡虫啉可湿性粉剂、1.8% 阿维菌素乳油、25% 杀虫双水剂、3% 克百威颗粒剂、25% 灭幼脲悬浮剂、磷化铝片剂、Bt 乳剂、白僵菌粉剂、73% 炔螨特乳油、50% 多菌灵可湿性粉剂、45% 百菌清烟剂等药剂，以及天平、牛角匙、试管、量筒、烧杯、玻璃棒、调查表格等用具和材料。了解当地常用农药名称、用法。

2. 具体操作

见表 2-5-2、表 2-5-5。

表 2-5-2　农药的性状观察及标签识读

工作环节	操作规程	操作要求
准备材料和用具	准备好要观察的不同剂型的农药以及所需的材料用具，并将不同剂型的农药分类摆放，以便观察和比较	（1）选择观察的农药要有代表性，能体现不同的剂型和防治对象 （2）操作时应戴口罩、手套
观察农药的性状	（1）辨别常用农药的物理性状：根据给出的农药品种，辨别不同剂型在颜色、形态等物理外观上的差异 （2）鉴别可湿性粉剂的质量：取少量可湿性粉剂倒入盛有 200 mL 水的量筒内，轻轻搅动后放置 30 min，观察药液的悬浮情况，沉淀越少，药粉质量越高 （3）测定乳油的质量：将 2～3 滴乳油滴入盛有 10 mL 清水的试管中，轻轻振荡后油水融合良好，呈半透明或乳白色稳定乳状液，表明乳油的乳化性能好	（1）观察要认真、细致，不要遗漏，按农药类别进行记载 （2）注意操作安全，不要直接用手接触农药。闻识农药时不能凑近瓶口猛吸气，要将瓶口农药气味用手轻扇，以免中毒，要严格按照教师的要求与示范操作进行
填写农药性状观察记载表	上述观察完成后，填写表 2-5-3	（1）农药性状描述要准确 （2）填写要细致完整，对有疑问的应查阅有关资料或展开小组讨论

续表

工作环节	操作规程	操作要求
调查本地农药销售店	（1）准备好调查表格 （2）选择当地的 1～2 家农药销售店，调查农药店主要销售的农药品种 （3）观察店内商品农药的包装、标签、说明书，看"三证"是否齐全 （4）观察商品农药的剂型、颜色、有效成分含量、毒性等，认识农药性状，辨别真假	（1）观察要认真、细致，尽可能多观察不同种类的农药，并进行比较 （2）认真识读农药标签，辨别农药的真假 （3）学会与农药店销售人员沟通 （4）注意操作安全
填写农药标签内容记载表	观察结束后，填写表 2-5-4	（1）认真填写农药标签内容记载表 （2）对有疑问的地方，可询问店员，并展开小组讨论或查阅资料，得到确认

表 2-5-3　农药性状观察记载表

序号	药剂名称	中（英）文通用名	剂型	有效成分含量	颜色	气味	毒性	主要防治对象

表 2-5-4　农药标签内容记载表

序号	农药名称	商品名	农药"三证"			剂型	有效成分含量	毒性	农药标志
			农药登记证号	生产许可证号	产品标准证号				

表 2-5-5　农药的配制及施用

工作环节	操作规程	操作要求
确定防治对象	以小组为单位，调查校园（花圃）害虫发生情况，统计发生较严重的害虫种类，确定防治对象	（1）调查要认真、细致，正确判断害虫种类 （2）谨慎操作，注意安全

续表

工作环节	操作规程	操作要求
拟定防治方案	划分各小组的防治区域，制订本组害虫防治方案，购买防治所需的药剂。任务可确定为校园（花圃）刺吸式口器害虫的防治	（1）杀虫剂的选择要考虑不同植物及校园环境安全等因素 （2）防治方案拟订要切合实际
配制农药	用浓度为5%的吡虫啉可湿性粉剂，配制100 kg浓度为0.05%的药液，防治校园（花圃）里的蚜虫和粉虱等刺吸式口器的害虫： （1）按公式计算出所需药剂的质量 （2）稀释药剂：先用少量的水将所需5%的吡虫啉可湿粉稀释成母液；然后将母液缓缓倒入按比例准备好的清水中，充分搅拌均匀	（1）注意原药用量的计算要准确 （2）稀释药液时分两步进行：先稀释成母液，再稀释配制成所需药量 （3）注意配制过程的安全操作，操作完毕要清洗工具，洗脸、洗手
进行害虫防治实践	在园艺工和专业教师指导下，进行蚜虫、粉虱等刺吸式口器害虫的防治。用上述配制好的药液进行喷雾。喷雾时，人要站在上风口，顺风喷。一周后检查防治效果，各小组进行对比	（1）遵守农药使用操作规程，注意安全防护 （2）喷雾的技术要求是：药液雾滴要覆盖均匀，叶面充分湿润，但不使药液形成水流从叶片上滴下
效果评价	对防治效果进行总结、分析、评价，写出防治报告，包括防治目的、防治项目、防治材料、防治方法、结果分析和结论；并将外业调查的原始数据、内业资料统计分析结果、评价及结论等材料整理、编号归档	进行数据分析，并提出改进措施

随堂练习

1. 农药如何分类？
2. 杀虫剂按作用方式可分为哪几类？
3. 农药标签主要包括哪几项？
4. 农药的使用方法有哪些？

任务 2.6　常用药械的使用和保养

任务目标

知识目标：

1. 了解常用的施药器械及其作业原理。
2. 掌握常用药械的使用及维护知识。

技能目标： 能正确使用背负式机动喷雾喷粉机。

知识学习

一、常用药械的种类及使用

1. 背负式手动喷雾器

背负式手动喷雾器主要由药液箱、液泵、空气室及喷射部件组成（图 2-6-1），具有结构简单、使用方便、价格低廉等特点，适用于草坪、花卉、小型苗圃等较低矮的植物。主要型号有工农 -16 型、3WBS-16 型等。

使用时应注意以下问题：

（1）根据需要选择合适的喷头。喷头有空心圆锥雾喷头和扇形雾喷头两种类型。应当根据喷雾作业的要求和植物的情况适当选择，避免始终使用 1

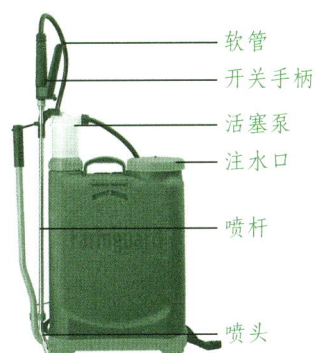

图 2-6-1　背负式手动喷雾器

个喷头的现象。空心圆锥雾喷头适于叶丛喷雾，而扇形雾喷头适于土壤表面处理或树冠叶面喷雾。

（2）注意控制喷杆的高度，防治雾滴飘失。

（3）喷雾时要注意不要过分弯腰作业，防止药液从桶盖处流出溅到操作者身上。

（4）加注药液时不允许超过药桶标出的药液高度。

（5）手动加压时应当注意不要过分用力，防止将空气室打爆。

（6）喷雾器长期不使用时，应将皮碗活塞浸泡在机油内，以免干缩硬化。

（7）每天使用后，将喷雾器用清水洗净，残留的药液要稀释后就地喷完，不得将残留药液带回住地。

（8）更换不同药液时，应将喷雾器彻底清洗，避免混入不同的药液对植物产生药害。

2. 背负式机动喷雾喷粉机

背负式机动喷雾喷粉机主要由机架、离心风机、汽油机、油箱、药箱和喷洒装置等部件组成，既可喷雾又可喷粉，把喷雾喷头换成超低量喷头时，还可进行超低量喷雾，它具有轻便、灵活、效率高等特点，适用于园林植物有害生物的防治。

（1）喷雾作业　喷雾时发动机带动风机叶轮旋转，产生高速气流，并在风机出口处形成一定压力，其中大部分高速气流经风机出口流入喷管，而少量气流经过风阀、进气塞、软管、过滤网出气口进入药箱内，使药液形成一定的压力。药箱内药液在压力作用下，经粉门、输液管接头进入输液管，再经手柄开关直达喷头，从喷头嘴周围的小孔流出。在喷管高速气流的冲击下，药液弥散成细小雾点，吹向被喷雾的植物（图 2-6-2）。

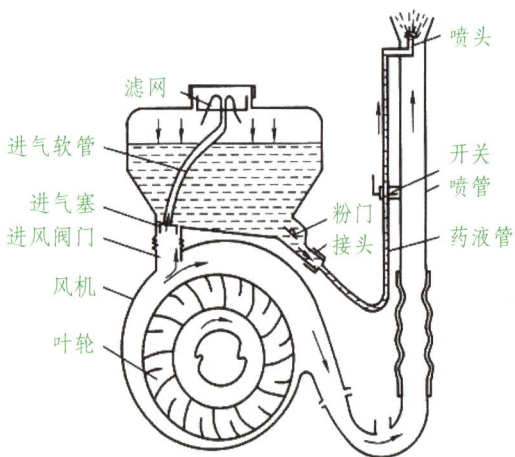

图 2-6-2　背负式机动喷雾喷粉机作业原理

使用时应注意以下问题：

·正确选择喷洒部件，以适合喷洒农药和植物的需要。

·机具作业前应先按汽油机有关操作方法，检查其油路系统和电路系统后再启动，确保汽油机工作正常。

· 作业前，先用清水试喷一次，保证各连接处无渗漏。加药不要太满，以免从过滤网出气口溢进风机壳里。药液必须洁净，以免堵塞喷嘴。加药后要盖紧药箱盖。

· 启动发动机，使之处于怠速运转。背起机具后，调整油门开关使汽油机稳定在额定转速左右，开启药液手把开关即可开始作业。

（2）喷粉作业　发动机带动风机叶轮旋转，产生高速气流，大部分流经喷管，一部分经进气阀进入吹粉管，起疏松和运输粉剂的作用。进入吹粉管的气流速度高，而且有一定的压力，气流便从吹粉管周围的小孔钻出，使药粉松散，并吹向粉门口。由于输粉管出口为负压，有一定的吸力，药粉流向弯管内时正遇上风机吹来的高速气流，药粉便从喷管吹向被喷植物（图 2-6-3）。

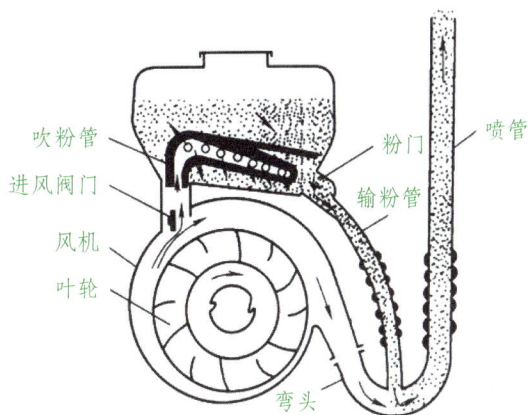

图 2-6-3　喷雾喷粉机的喷粉作业

使用时应注意以下问题：

· 关好粉门后加粉。粉剂应干燥无结块、无杂质。加粉后旋紧药箱盖。

· 启动发动机，使之处于怠速运转。背起机具后，调整油门开关使汽油机稳定在额定转速。然后调整粉门操纵手柄进行喷洒。

· 使用薄膜喷粉管进行喷粉时，应先将喷粉管从摇把绞车上放出，再加大油门，使薄膜喷粉管吹起来，然后调整粉门喷洒。为防止喷管末端存粉，前进中应随时抖动喷管。

（3）安全防护方面应注意的问题

· 操作人员必须戴口罩，并应经常换洗。作业时携带毛巾、肥皂，随时洗脸、洗手、漱口，擦洗着药处。

· 作业时间不要过长，应以 3～4 人组成一组，轮流作业，避免长期处于药雾中呼吸不到新鲜空气。

· 避免顶风作业，禁止喷管在作业者前方以八字形交叉方式喷洒。

· 发现头痛、头晕、恶心、呕吐、多汗，严重时痉挛、行动失调、肌肉颤抖、呼吸困难、皮肤过敏等中毒症状时，应立即停止作业，并及时求医诊治。

· 背负式喷雾喷粉机是用汽油作燃料，应注意防火。

二、药械的保养

使用前，要认真阅读药械使用说明书，掌握药械的结构和性能。操作器械要严格遵循操作规程，注重日常保养和长期保养。

1. 日常保养

每天工作完毕后应按下述内容进行保养。

（1）药箱内不得残存粉剂或药液。

（2）清理机器表面油污和灰尘。

（3）用清水洗刷药箱，尤其是橡胶件。汽油机切勿用水冲刷。

（4）检查各连接处是否有漏水、滑油现象，并及时排除。

（5）检查各部螺丝是否有松动、丢失，工具是否完整。如有松动、丢失，必须及时旋紧和补齐。

（6）喷施粉剂时，要每天清洗汽化器、空气滤清器。

（7）保养后的器械应放在干燥通风处，切勿靠近火，并避免日晒。

（8）长塑料管内不得存粉，拆卸之前空机运转 1 ~ 2 min，借助喷管之风力将长管内残粉吹尽。

2. 长期保养

机动喷雾器使用后应随时保养。若不使用需要长期存放时，除做好一般保养工作外，还要做好以下六点：

（1）药箱内残留的药液、药粉，会对药箱、进气塞和挡风板部件产生腐蚀，缩短其寿命，因此要认真清洗干净。

（2）汽化器沉淀杯中不能残留汽油，以免油针、卡簧等部件遭到腐蚀。

（3）务必放尽油箱内的汽油，避免不慎起火，同时防止汽油挥发污染空气。

（4）用木片刮火花塞、气缸盖、活塞等部件的积炭。刮除后用润滑剂涂抹，以免锈蚀。同时检查相关部位，应修理的及时修理。

（5）清除机体外部尘土及油污，脱漆部位要涂黄油防锈或重新油漆。

（6）存放地点要干燥通风，远离火源，以免橡胶件、塑料件过热变质。但温度也不得低于 0℃，避免橡胶件和塑料因温度过低而变硬、加速老化。

能力培养

背负式机动喷雾器的使用和保养

1. 训练准备

以小组为单位进行常用药械的使用和保养操作。准备 80% 敌敌畏乳油、2.5% 溴氰菊酯乳油、背负式手动喷雾器、背负式机动喷雾喷粉器、机油、汽油等用具和材料。

认真阅读药械的使用说明书。

2. 具体操作

见表 2-6-1。

表 2-6-1 背负式机动喷雾器的使用和保养

工作环节	操作规程	操作要求
认识常用药械	选择当地的农机具销售店，以小组为单位认识各种施药器械。现场快速阅读这些器械的使用说明书	（1）比较不同施药器械的外形、结构特点 （2）做好记录
药械使用	在花工和教师的指导下，完成使用背负式机动喷雾器防治校园害虫的任务。操作步骤： （1）组装有关部件，使整机处于喷雾作业状态 （2）加入药液：在加药液前，用清水试喷一次，检查各处有无渗漏；加液不要过急过满，先给喷雾器药液箱内加一半水，再加入药液，然后加水到标准刻线为止，搅拌均匀后使用；避免药液从过滤网出气口处溢进风机壳内，加药液后药箱盖一定要盖紧 （3）开始作业：背上机器后，调整手油门开关，使发动机稳定在额定转速；开启手把药液开关，使转芯手把朝着喷头方向，以预定的速度和路线进行作业 （4）停止运转：先将药液开关闭合，再减小油门，汽油机低速运转 3～5 min 后关闭油门，汽油机停止运转，放下机器并关闭燃油阀	（1）遵守农药使用操作规程，注意安全防护 （2）所加药液必须干净，以免堵塞喷嘴 （3）开关开启后，随即用手左右摆动喷管进行喷药，严禁停留在一处喷洒，以防引起药害 （4）加水时最好用小勺子一勺一勺倒入药液箱内，切勿让液体外流至汽油机 （5）汽油和机油要严格按照 20∶1 的比例配制，即 2 L 90 号汽油，配 0.1 L 机油

续表

工作环节	操作规程	操作要求
药械使用后的保养	喷雾完成后，要对药械进行保养： （1）倒净残存药液，用清水清洗药箱 （2）清理机器表面油污和灰尘 （3）检查各连接处是否有漏水、滑油现象 （4）检查各部螺丝是否有松动、丢失 （5）清洗汽化器、空气滤清器	（1）认真清洗使用过的药械 （2）仔细检查各部件是否完整、正常 （3）汽油机切勿用水冲刷 （4）将保养后的机器放在干燥通风处，切勿靠近火，并避免日晒

随堂练习

1. 背负式机动喷雾器的使用注意事项有哪些？
2. 如何进行施药器械的维护和保养？

项目小结

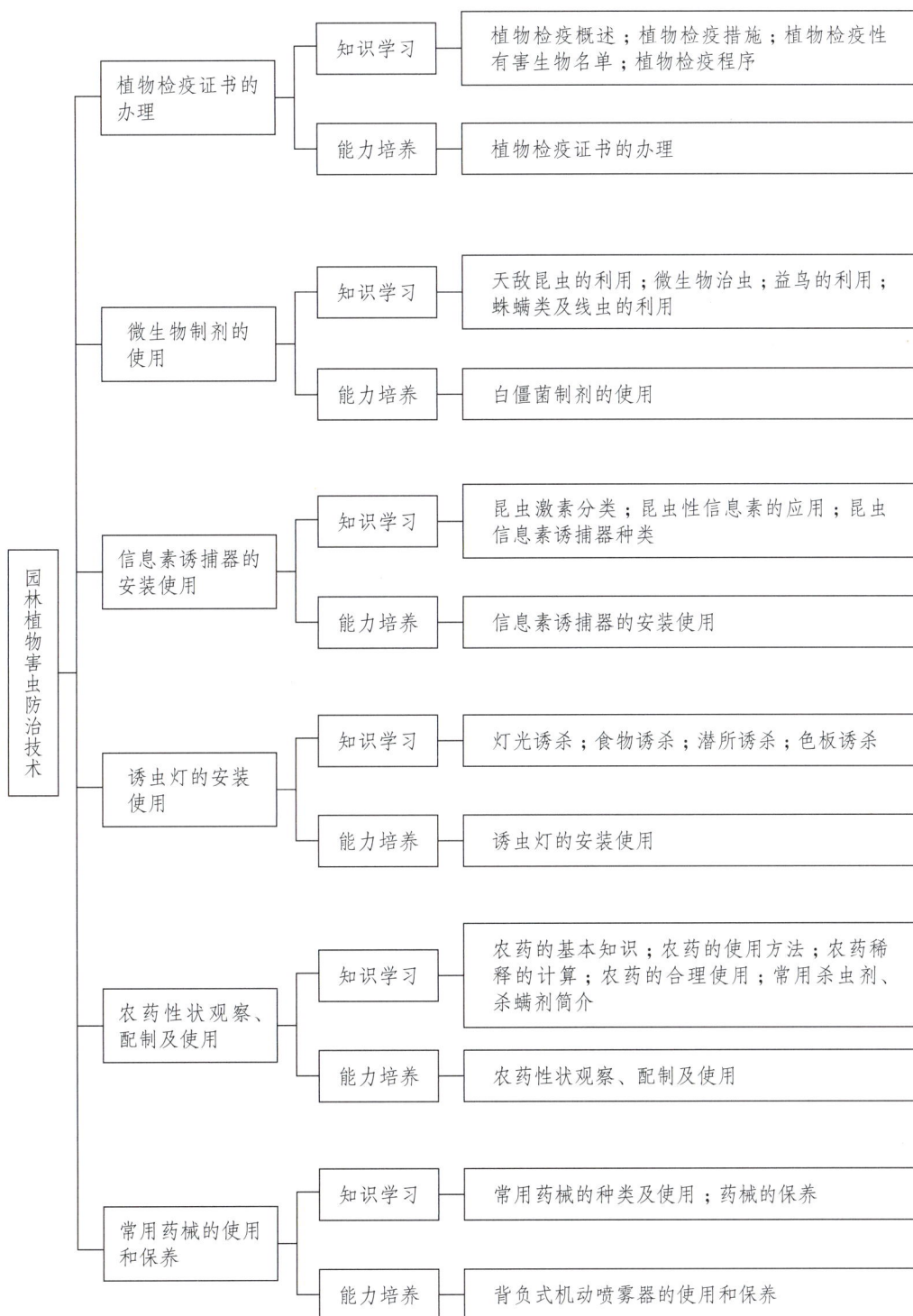

项目测试

一、名词解释

产地检疫　调运检疫　昆虫信息素　化学防治　农药　胃毒剂　内吸剂　熏蒸剂　剂型　农药毒性　致死中量　农药三证

二、填空题

1. 植物及其产品的调运检疫分为 ＿＿＿＿＿ 和 ＿＿＿＿＿＿。

2. 植物及其产品的调出检疫程序包括 ＿＿＿＿＿、＿＿＿＿＿、＿＿＿＿＿ 和签发检疫证书 4 个环节。

3. 按防治对象可将农药分为 ＿＿＿＿＿、＿＿＿＿＿、＿＿＿＿＿、＿＿＿＿＿、＿＿＿＿＿ 和 ＿＿＿＿＿。

4. 按作用方式，杀虫剂可分为 ＿＿＿＿＿、＿＿＿＿＿、＿＿＿＿＿ 和 ＿＿＿＿＿ 等。

5. 氯氟氰菊酯是一种高效、广谱杀虫、＿＿＿＿＿ 剂，有 ＿＿＿＿＿ 和 ＿＿＿＿＿ 作用。

6. 吡虫啉是一种 ＿＿＿＿＿ 杀虫剂，具有 ＿＿＿＿＿、＿＿＿＿＿ 和 ＿＿＿＿＿ 作用。

7. 除抗生素外，现已大面积推广使用的微生物源农药还有 ＿＿＿＿＿ 和 ＿＿＿＿＿ 等。

三、选择题

1. 赤眼蜂是（　　）的寄生蜂。

　　A. 成虫　　　　B. 卵　　　　　C. 幼虫　　　　D. 蛹

2. 大多数害虫的视觉神经对波长（　　）的紫外线特别敏感。

　　A. 550 ~ 650 nm　B. 330 ~ 400 nm　C. 333 ~ 400 nm　D. 550 ~ 600 nm

3. 利用害虫的（　　）性，在其所喜欢的食物中掺入适量的毒剂来诱杀害虫。

　　A. 趋光　　　　B. 趋湿　　　　C. 趋化　　　　D. 趋色

4. 下列属于国内检疫性有害生物的是（　　）。

　　A. 松毛虫　　　B. 杨干象　　　C. 美国白蛾　　　D. 光肩星天牛

5. 某农药的致死中量（LD_{50}）500 ~ 5 000 mg/kg，此农药毒性为（　　）。

　　A. 低毒农药　　B. 剧毒农药　　C. 高毒农药　　D. 微毒农药

6. 杀虫剂农药类别特征颜色标志带为（　　）。

　　A. 红色　　　　　B. 黑色　　　　　C. 黄色　　　　　D. 蓝色

7. 下列杀虫剂中，对介壳虫有特效的是（　　）。

　　A. 辛硫磷　　　　B. 吡虫啉　　　　C. 敌敌畏　　　　D. 对硫磷

四、简答题

1. 阻止危险性病虫害传播，应强化哪些措施？

2. 使用白僵菌粉剂防治松毛虫应注意哪些问题？

3. 黑光灯诱杀害虫依据什么原理？

4. 常用农药剂型有哪些？各自有哪些特点？

5. 农药标签包含哪些内容？如何判断真假农药？

五、综合分析题

1. 某苗圃欲将 3 万株丁香苗出售给外省的某一园林绿化公司，应如何办理植物检疫手续？

2. 针对校园或花圃发生的蚜虫、介壳虫等刺吸式口器害虫的危害情况，分析应采取什么方法，选择哪些药剂进行防治，并说明实施防治作业的步骤。

利用园林栽培技术防治病虫害

项目 2 链接一

物理防治病虫害

项目 2 链接二

项目 3

园林植物常见害虫和其他有害动物及其防治

项目导入

　　走进花木种植基地，呼吸着泥土的芳香气息，感受着花木世界的生机勃勃，领略各色花卉的争奇斗艳。该是多么令人舒畅、悦目的一件事啊！然而，迎面走来的实习生小张却眉头紧锁，这几天，他负责养护的菊花长了不少小虫子，生长受阻呢！

　　经过指导老师的协助，小张终于找出原因，菊花叶背上、嫩梢上密生的小虫子原来是蚜虫！找到真凶，再实施蚜虫的防治措施，菊花叶背、嫩梢上的小虫子终于控制住了，小张的脸上也露出了笑容。

　　园林植物害虫调查与防治是园林绿化生产过程中的一项重要工作。通过本项目的学习，同学们将认识常见的园林植物有害生物，了解它们的生活史及习性，掌握这些有害生物的防治技术和方法。

任务 3.1　园林植物害虫调查

任务目标

知识目标：

1. 了解园林植物害虫调查的类型。

2. 掌握园林植物害虫调查的方法。

技能目标：

1. 会正确制订踏查和详查计划，设计调查用表。

2. 能根据调查计划，调查害虫的种类、数量、分布、危害程度、危害面积、蔓延趋势。

3. 能进行调查资料的统计、分析，完成调查报告。

知识学习

一、调查类型

　　园林植物害虫调查可分为普查和专题调查。普查是对整个绿地或圃地害虫的发生情况做大概的了解，目的在于了解害虫的种类、数量、分布、危害程度、危害面积、蔓延趋势和导致害虫发生的一般原因，为制订害虫防治措施提供科学依据。专题调查是对某一地区某种害虫进行深入细致的专门调查。专题调查一般是在普查的基础上进行的，目的在于精确统计病虫数量、危害程度，对害虫的发生环境因素作深入的分析研究。

二、调查技术

1. 准备工作

　　调查前要收集被调查地区的历史资料、自然地理概况、经济状况，拟订调查计划，确定调查方法，设计调查用表，准备好调查所用仪器、工具，大型调查还应做好调查人员的技术培训等。

2. 踏查

采用目测法边走边查，可沿园路、人行道或自选路线，尽可能涵盖调查地区的不同植物地块及有代表性的不同状况的地段。每条路线之间的距离一般在100 ～ 300 m 之间。花圃、绿化区面积都较小，植物种类多，害虫种类多，踏查路线距离可在 10 ～ 30 m，或更小，视具体面积、植物品种、地形等而定。踏查时应注意线路两侧 30 m 范围内各项因子的变化，根据踏查所得资料，确定主害虫种类，初步分析花木衰萎和死亡原因，绘制主要害虫分布草图，并填写踏查记录表（表 3-1-1）。其中，绿地概况包括花木组成、平均高度、平均直径、地形和地势等。分布状态分为：单株分布（即单株发生害虫），簇状分布（即被害株 3 ～ 10株），团块状分布（即被害株面积大小呈块状分布），片状分布（即被害面积达50 ～ 100 m² ），大片分布（即被害面积超过 100 m² ）。

表 3-1-1 园林植物害虫踏查记录表

调查日期：　　　　　　　　　　　　　调查地点：
绿地概况：
调查总面积：　　　　　　　　　　　　受害面积：
卫生状况：

树种	被害面积	害虫种类	危害部位	危害程度	分布状态	寄主情况	天敌种类	数量及寄生率	备注

危害程度常分轻微、中等、严重三级，分别用"+""++""+++"符号表示（表 3-1-2）。

表 3-1-2 危害程度划分标准表

害虫种类	轻微（+）	中等（++）	严重（+++）
叶部害虫	树叶被害率30%以下	树叶被害率31% ～ 60%	树叶被害率61%以上

续表

害虫种类	轻微（+）	中等（++）	严重（+++）
吸汁害虫	树干、枝梢被害率20%以下	树干、枝梢被害率21%～50%以下	树干、枝梢被害率51%以上
钻蛀性害虫及根部害虫	被害株率10%以下	被害株率11%～20%	被害株率21%以上
种实害虫	种实被害率10%以下	种实被害率11%～20%	种实被害率21%以上

3. 样地调查

样地调查又称标准地调查或详细调查，是在踏查的基础上，对危害较重的主要害虫种类设立样地进行调查。

（1）抽样方法　根据被调查园地的大小，按一定的抽样方式，选取一定数量的样地（标准地）。100 m² 一个样地，样地面积一般应占调查总面积的 0.1%～0.5%，苗圃应适当增加。

对绿篱、行道树、多种花木配植的花坛等进行调查时，可采用线形调查或带状调查，随机选定样株调查或逐株调查。

（2）虫害调查　样地划定后，选取一定数量的样株，逐株调查其虫口数，最后统计虫口密度和有虫株率。虫口密度是指单位面积或每株树上害虫的平均数量，它表示害虫发生的严重程度；有虫株率是指有虫株数占调查总株数的百分数，它表明害虫在园内分布的均匀程度。

$$单位面积虫口密度 = \frac{调查总活虫数}{调查面积}$$

$$每株虫口密度 = \frac{调查总活虫数}{调查总株数}$$

$$有虫株率 = \frac{有虫株数}{调查总株数} \times 100\%$$

·地下害虫调查：苗圃或绿化地在播种、绿化以前，要进行地下害虫调查。调查时间应在春末至秋初，地下害虫多在浅层土壤活动。抽样方式多采用对角线式或棋盘式。样坑大小为 0.5 m×0.5 m 或 1 m×1 m。按深度为 0～5 cm、5～15 cm、

15 ～ 30 cm、30 ～ 45 cm、45 ～ 60 cm 的不同层次分别进行调查记载（表 3-1-3）。

表 3-1-3　苗圃、绿地地下害虫调查表

调查日期	调查地点	土壤植被情况	样坑号	样坑深度	害虫名称	虫期	害虫数量	调查株数	被害株数	受害率（%）	备注

·蛀干害虫调查：在发生蛀干害虫的绿地中，选有树 50 株以上的样地，分别调查健康木、衰弱木、濒死木和枯立木各占的百分率。如有必要可从被害木中选 3 ～ 5 株，伐倒，量其树高、胸径，从干基至树梢剥一条 10 cm 宽的树皮，分别记载各部位出现的害虫种类。虫口密度的统计，则在树干南北方向及上、中、下部，害虫居住部位的中央截取 20 cm×50 cm 的样方，查明害虫种类、数量、虫态，并统计每平方米和单株虫口密度（表 3-1-4、表 3-1-5）。

表 3-1-4　蛀干害虫调查表

调查日期	调查地点	样地号	总株数	健康木		卫生状况	虫害木						害虫名称	备注
				株数	%		衰弱木		濒死木		枯立木			
							株数	%	株数	%	株数	%		

表 3-1-5　蛀干害虫样树危害程度调查表

样树号	样树因子			害虫名称	虫口密度（1 000 cm²）				其他
	树高	胸径	树龄		成虫	幼虫	蛹	虫道	

·枝梢害虫调查：对危害幼嫩枝梢害虫的调查，可选有 50 株以上的样方，逐

株统计主梢受害、侧梢健壮株数，主梢健壮、侧梢受害株数和主、侧梢都受害株数，从被害株中选出 5 ~ 10 株，查清虫种、虫口数、虫态和危害情况。对于虫体小、数量多、定居在嫩梢上的害虫如蚜、蚧等，可在标准木的上、中、下部各选取样枝，截取 10 cm 长的样枝段，查清虫口密度，最后求出平均每 10 cm 长的样枝段的虫口密度（表 3-1-6、表 3-1-7）。

表 3-1-6　枝梢害虫 50 株以上样方调查表

调查日期	调查地点	样地号	调查株数	被害株数	被害率/%	其中			害虫名称及种类	备注
						主梢健壮、侧梢受害株数	主、侧梢受害株数	主梢受害、侧梢健壮株数		

表 3-1-7　枝梢害虫样枝调查表

调查日期	调查地点	样地号	样株调查									备注
			样树号	树高	胸径及根径	树龄	总梢数	被害梢数	被害率/%	虫名	虫口密度/（头/株）或（头/10 cm）	

· 食叶害虫调查：在有食叶害虫危害的绿地内选定样地，调查主要害虫种类、虫期、数量和危害情况等，样方面积可随机酌定。在样地内可逐株调查，或采用对角线法、隔行法，选出样树 10 ~ 20 株进行调查。若样株矮小（一般不超过 2 m），可全株统计害虫数量；若树木高大，不便于统计时，可分别于树冠上、中、下部及不同方位取样枝进行调查。落叶和表土层中的越冬幼虫和蛹、茧的虫口密度调查，可在样树下树冠较发达的一面树冠投影范围内，设置 0.5 m×2 m 的样方，0.5 m 一边靠树干，统计 20 cm 土深内主要害虫虫口密度（表 3-1-8）。

表 3-1-8　食叶害虫调查表

调查日期	调查地点	样地号	绿地概况	害虫名称和主要虫态	样树号	害虫数量						危害情况	备注
						健康	死亡	被寄生	其他	总计	虫口密度/（头/株）或（头/m²）		

4．天敌调查

天敌调查及天敌标本的采集随同害虫调查进行。着重调查天敌种类与数量，记载在相应的表格内。

对于寄生性昆虫和致病性微生物等天敌的数量统计，分少量、中等和大量三级，各级的划分标准和符号为：寄生率在 10% 以下记少量，符号为 "+"；寄生率在 11%～30% 记中等，符号为 "++"；寄生率在 31% 以上记大量，符号为 "+++"。对于捕食性昆虫及有益的鸟兽调查时，记载种类和实际数量，并注明常见、少见、罕见等。

5．调查资料整理

（1）鉴定害虫名称。

（2）汇总外业调查资料，进一步分析害虫大发生的原因。

（3）写出调查报告。报告内容一般包括以下几个方面：

·调查地区的概况：包括自然地理环境、社会经济情况、绿地概况、园林绿化生产和管理情况及园林植物害虫情况等。

·调查成果的综述：包括主要花木的主要害虫种类、危害程度和分布范围，主要害虫的发生特点，主要害虫分布区域的综述，主要害虫发生原因及分布规律，天敌资源情况，以及园林植物检疫性有害生物和疫区等。

·害虫综合治理的措施和建议。

·附录。包括调查地区园林植物害虫调查名录，天敌名录，主要害虫发生面积汇总表，园林植物检疫性有害生物所在疫区面积汇总表，主要害虫分布图。

（4）调查原始资料装订、归档，标本整理、制作和保存。

能力培养

当地（公园、苗圃等）园林植物害虫种类及危害情况调查

1. 训练准备

以小组为单位进行害虫调查。准备捕虫网、毒瓶、枝剪、采集箱、铁锹、镊子、放大镜、指形管、三角纸、记录夹和记录表格等工具和材料。

2. 具体操作

见表 3-1-9。

表 3-1-9   当地园林植物害虫调查表

工作环节	操作规程	操作要求
确定调查对象及内容	选择某苗圃、绿地或公园，调查常见植物各类型害虫种类，普查和详查相结合	选择当地有代表性、害虫种类较多的园圃做实习地点
制订调查计划并编制调查表	根据确定的调查对象制订调查计划，编制调查表格。踏查所用的表格可以参照表 3-1-1、表 3-1-2；详查所用的表格可以参照表 3-1-3 至表 3-1-8；记录表应包括害虫的种类、数量、分布、危害程度等项目	出发前，必须先准备好记录表；记录表要设计规范、合理，记录方便
现场调查	（1）踏查：边走边查，可沿园路、人行道或自选路线，尽可能涵盖调查地区的不同植物地块及有代表性的不同状况的地段，每条路线之间的距离一般在 100 ~ 300 m 之间；花圃、绿化区面积都较小，植物种类多，害虫种类多，踏查路线距离可在 10 ~ 30 m，或更小，同时要将调查内容记录在踏查表上 （2）详查：在踏查基础上，选出危害较重的种类进行专题调查：①根据实际情况，按一定的抽样方式，选取 2 ~ 3 个标准地，每个标准地面积约 100 m²；②样地划定后，选取一定数量的样株，逐株调查其虫口数量，采集相关的害虫标本，认真填写详查表格	（1）采集标本要尽量完整，记录要详细 （2）学生要以团队合作，切忌单独行动，迷失方向，出现安全问题
调查资料整理总结	整理调查资料，统计、计算虫口密度和有虫株率，列出昆虫名录，撰写虫情调查报告	资料充分，数据详细；分析害虫的发生发展趋势，提出综合防治建议

随堂练习

1. 说说园林植物害虫调查的目的是什么?
2. 说说普查与专题调查有什么区别?
3. 样地调查时，如何设定标准地?

任务 3.2　食叶害虫识别及防治

任务目标

知识目标：

1. 了解食叶害虫的危害特点。
2. 了解食叶害虫的类型。
3. 掌握食叶害虫的鉴别。
4. 掌握食叶害虫的防治方法。

技能目标：能掌握蝶、蛾、叶甲、叶蜂、竹蝗等食叶害虫的防治技术。

知识学习

一、食叶害虫的危害特点和常见类群鉴别

食叶害虫主要包括鳞翅目的蝶类和蛾类、鞘翅目的叶甲、膜翅目的叶蜂、直翅目的竹蝗等。

食叶害虫的危害特点是：①具有咀嚼式口器，往往以幼虫（膜翅目、鳞翅目）或成虫、幼虫（鞘翅目、直翅目）危害健康植株的叶片，危害状：叶片呈缺刻、网状、卷叶、缀叶、潜叶等机械损伤，猖獗时能将叶片吃光，削弱树势，为天牛、小蠹虫等蛀干害虫侵入提供适宜条件；②大多数食叶害虫营裸露生活，受环境因子影响大，其虫口密度变动大；③多数种类繁殖能力强，产卵集中，易爆发成灾，并能主动迁移扩散，扩大危害的范围。

1. 蝶类

蝶类属于鳞翅目。蝶类与蛾类主要区别见表 3-2-1。主要类群有粉蝶科、灰蝶科、蛱蝶科、凤蝶科等（表 3-2-2），常见害虫种类有菜粉蝶、曲纹紫灰蝶、柑

橘凤蝶等（表 3-2-3）。

表 3-2-1　蝶类与蛾类的区别

名称	蝶类	蛾类
触角	棒状、球杆状	丝状、羽毛状等
翅形	大多数阔大	大多数狭小
腹部	瘦长	粗壮
前后翅连接	无连接器	有特殊连接器
停栖时翅位	四翅竖立于背	四翅平展呈屋脊状
成虫活动时间	白天	晚上

表 3-2-2　蝶类主要科特征识别

科名	成虫	幼虫	代表种类
粉蝶科	中型，白色或黄色；前足正常，爪分裂；翅有黑色缘斑	多为黄或绿色，表面有许多短毛或小瘤突，每体节分 4 ~ 6 小环节	菜粉蝶（图 3-2-1）
灰蝶科	小型，触角具白环；复眼在近触角侧凹入，周缘有白鳞片；后翅后缘常有 1 ~ 3 个尾状突	幼虫蛞蝓形，无腹足，第 7 腹节背面常有 1 个翻缩腺	曲纹紫灰蝶（彩图 11）
凤蝶科	中至大型，颜色鲜艳；后翅外缘呈波状或在 M_3 处外伸成尾突	后胸显著隆起，前胸背面前缘有一臭丫腺	柑橘凤蝶（图 3-2-2）

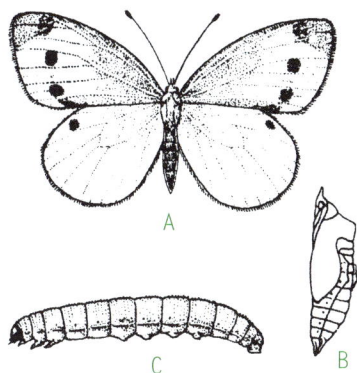

图 3-2-1　菜粉蝶
A. 成虫　B. 蛹　C. 幼虫

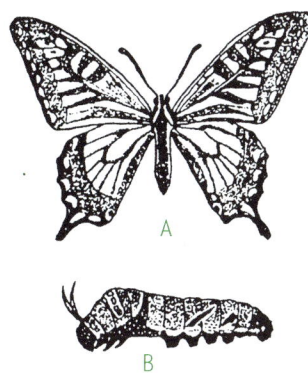

图 3-2-2　柑橘凤蝶
A. 成虫　B. 幼虫

表3-2-3　常见蝶类害虫危害与识别

种名	分布与危害	识别特征	生活史及习性
菜粉蝶	分布全国各地,危害2年生草本花卉和宿根、球根花卉	成虫体灰黑色,头、胸部有白色绒毛,前后翅粉白色,前翅顶角有1个近三角形黑斑,中部有2个黑色圆斑,后翅前缘有1个黑斑;幼虫体青绿色,密布黑色瘤状突起,上生细毛	发生代数各地不等,1年发生4~9代;幼虫5龄,以蛹越冬;成虫对含有芥子气味植物有趋性
曲纹紫灰蝶	又名苏铁小灰蝶,分布于广东、广西、香港、台湾、江西、福建、贵州、云南和四川等,主要危害苏铁刚抽出的羽叶和球花幼嫩组织	成虫前、后翅反面外缘,中央及后翅中央稍内侧有纵列的灰黑色斑,灰黑色斑两侧有白色细纹,后翅近基部有4个及前缘中央有1个黑色圆斑;老熟幼虫长约9 mm,身被短毛	1年发生6~7代,以蛹于枯枝烂叶上越冬;第1代幼虫孵化于6月上中旬,1个世代约20 d,卵散产于苏铁新抽羽叶和球花上;幼虫期群集蛀食苏铁新抽出的羽叶和叶轴
柑橘凤蝶	分布广,危害柑橘、金橘、柠檬、佛手、花椒和黄菠萝等	成虫翅面上有黄黑相间的斑纹,前翅中室内部有4条黑色纵线,亚外缘有8个黄色新月形斑;老熟幼虫后胸有眼状纹,中间有2对马蹄形纹	东北1年发生2代,长江流域及以南地区1年发生3~4代;以蛹悬于枝条上越冬;成虫卵单个产于嫩叶及枝梢上;初孵幼虫茶褐色,似鸟粪

2. 蛾类

蛾类属于鳞翅目。在园林植物上常见的有毒蛾、舟蛾、尺蛾、袋蛾、刺蛾、夜蛾、螟蛾、天蛾、灯蛾、枯叶蛾等类群。

（1）毒蛾类　毒蛾类属于鳞翅目毒蛾科,体中型,粗壮多毛。喙退化,触角栉状或羽状。休止时,多毛的前足向前伸出。有的种类雌蛾无翅。幼虫生有毛瘤或毛刷,第6、7腹节背面中央各有1个翻缩腺。常见种类有舞毒蛾（图3-2-3）、杨毒蛾（图3-2-4）、油茶毒蛾（图3-2-5）、刚竹毒蛾（图3-2-6）等,详见表3-2-4。

图 3-2-3　舞毒蛾
A. 雌成虫　B. 雄成虫

图 3-2-4　杨毒蛾

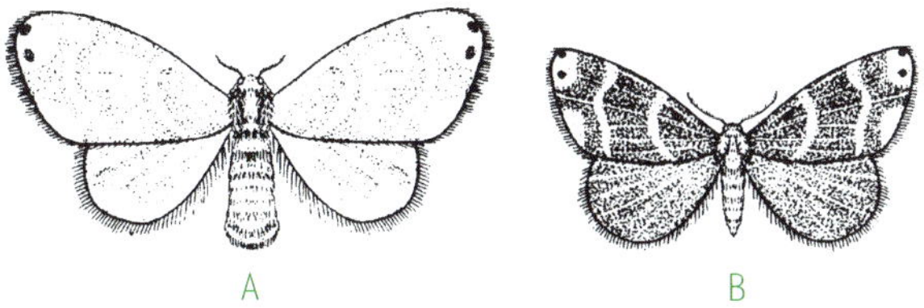

图 3-2-5　油茶毒蛾
A. 雌成虫　B. 雄成虫

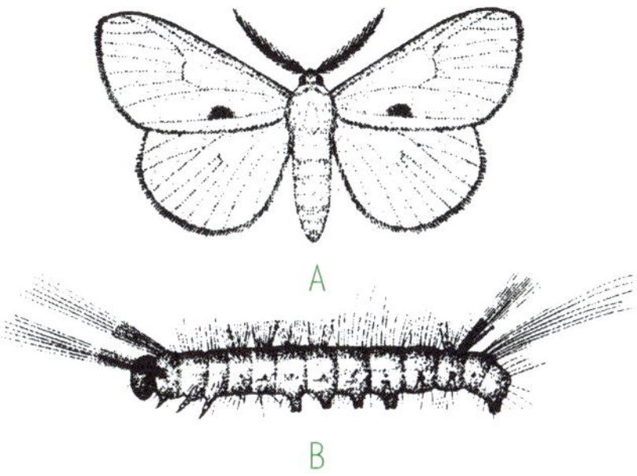

图 3-2-6　刚竹毒蛾
A. 成虫　B. 幼虫

表 3-2-4　常见毒蛾类害虫危害与识别

种名	分布与危害	识别特征	发生概况
舞毒蛾	分布于东北、华北、西北、华中、西南、东南沿海,食性杂,可危害 500 多种植物	成虫雌雄异形;雌蛾体污白色,触角双栉齿状,前翅有 4 条黑褐色锯齿状横线,雄蛾体瘦小,茶褐色,触角羽毛状;卵块上覆有很厚的黄褐色绒毛;老熟幼虫头黄褐色,具"八"字形黑纹,体背有 2 纵列突出的毛瘤,靠近头部的 5 对为蓝色,后 6 对为红色	1 年发生 1 代,以幼虫在卵内越冬,翌年 4—5 月孵化;幼虫吐丝下垂,借风传播;6 月上、中旬幼虫老熟后大多爬至白天隐藏的场所化蛹;成虫于 6 月中旬至 7 月上旬羽化;雄虫有白天绕树冠飞舞的习性
杨毒蛾	分布于东北、西北、华北、华东等地,是杨、柳的重要害虫	成虫体、翅绢白色;触角主干黑白相间,雌蛾触角栉齿状,雄蛾触角羽毛状;足黑色,胫节与跗节具黑白相间环纹;老熟幼虫黑褐色,背中线黑色	1 年发生 1 ~ 2 代,以 1—2 龄幼虫越冬;翌年 4—5 月上树危害;5 月下旬化蛹,6 月上旬羽化,7—8 月为第 1 代幼虫危害盛期
油茶毒蛾	分布于陕西、四川、贵州、湖北、江苏、安徽、浙江、湖南、福建、江西、广西、广东、云南、台湾等地,危害茶、油桐、乌桕、柑橘、枇杷等	成虫前翅内、外有 2 条弯曲淡色横纹,翅顶角黄斑内有 2 个黑斑;雌蛾黄褐色,雄蛾深褐色;幼虫黄褐色,各节有 4 个黑瘤,以背上的 2 个最大,瘤上簇生黄色毒毛	1 年发生 2 ~ 5 代,以卵越冬;4 月上旬孵化;初龄幼虫嚼食叶肉,留下表皮呈网状,3 龄后分散危害,能将全叶食尽;幼虫受干扰即吐丝下垂,随风飘扬至邻近植株取食危害;成虫喜选择生长嫩绿茂密的茶树产卵,常产卵于叶背
刚竹毒蛾	分布于浙江、福建、江西、湖南、广西、贵州、四川,危害毛竹、慈竹、白夹竹、寿竹	成虫体黄色;触角栉齿状;前翅浅黄至棕黄色,后缘中央有 1 个橙红色斑,后翅色浅;老熟幼虫体灰黑色,被黄色和黑色长毛,前胸背板两侧各有 1 束向前伸的灰黑色羽状毛,第 1 ~ 4 腹节背面中央各着生一红棕色刷状毛	浙江、福建 1 年发生 3 代,江西 1 年发生 4 代,以卵和 1—2 龄幼虫越冬;翌年 3 月中旬越冬幼虫开始活动、取食,越冬卵陆续孵化,初孵幼虫群集于竹叶背面取食;3 龄后分散取食,5 龄幼虫食量最大,在上部竹梢叶部取食

（2）舟蛾类　舟蛾类属于鳞翅目舟蛾科，中至大型，体粗壮。触角线状或栉齿状。幼虫体形多变，上唇缺刻深成锐角。臀足退化或特化成枝形。常见种类有杨小舟蛾（图3-2-7）、杨扇舟蛾（图3-2-8）、杨二尾舟蛾（图3-2-9）等，详见表3-2-5。

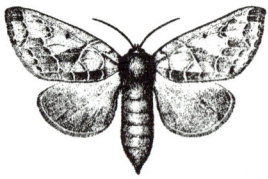

图 3-2-7　杨小舟蛾　　　图 3-2-8　杨扇舟蛾　　　图 3-2-9　杨二尾舟蛾
A. 成虫　B. 幼虫

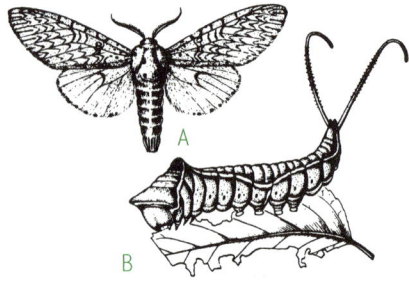

表 3-2-5　常见舟蛾类害虫危害与识别

种名	分布与危害	识别特征	生活史及习性
杨小舟蛾	分布于河南、河北、山东、黑龙江、浙江、江西、四川，危害杨树和柳树	成虫体色多变，前翅有3条灰白色横线，后翅黄褐色；老熟幼虫体褐绿色，头部赭红具黑色斑，第1、8腹节背中央具较大灰色毛瘤	1年发生3~4代，以蛹越冬；翌年4月中旬羽化，卵产于叶背；初孵幼虫群集叶面取食，3龄以后分散；7、8月危害最盛
杨扇舟蛾	分布全国各地，以幼虫危害杨、柳的叶片，在广东、海南危害母生	成虫体淡灰褐色，头顶有1个紫黑色斑；前翅顶角处有1块赤褐色扇形大斑，斑下有1个黑色圆点；老熟幼虫头部黑褐色，背面淡黄绿色，两侧有灰褐色纵带；第1、8腹节背面中央各有1个大黑红色瘤	1年发生2~8代，以蛹越冬；卵产于叶背，单层排列呈块状；初孵幼虫有群集习性，3龄以后分散取食，常缀叶成苞，夜间出苞取食；老熟后在卷叶内吐丝结薄茧化蛹
杨二尾舟蛾	分布于全国杨、柳栽培区，是杨、柳的主要害虫之一	成虫体灰白色，胸部背面对称排列黑斑8~10个；前翅基部有黑斑2个，外方排列若干黑点、环状黑斑及齿状波纹；老熟幼虫绿色；前胸背板粉绿色，前缘两侧各有1个黑斑，后胸背面有呈三角形直立的肉瘤	1年发生2~3代，以蛹在茧内越冬；次年4月成虫羽化，卵单产于叶背；幼虫受惊后，昂起紧缩的头、胸，并耸起胸背峰突，由臀角伸出红色的翻缩腺不断摇晃以示御敌

（3）尺蛾类　尺蛾类属于鳞翅目尺蛾科，体细长。翅大而薄，前后翅颜色相似并常有波纹相连，有些种类雌蛾无翅或翅退化。幼虫只有2对腹足，着生在第

6腹节和末节上。常见种类有国槐尺蛾（图3-2-10）、春尺蛾（图3-2-11）、油桐尺蛾（图3-2-12）等，详见表3-2-6。

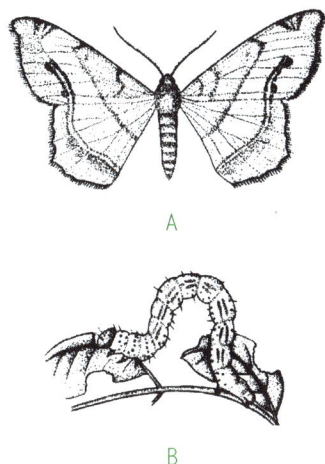

图3-2-10 国槐尺蛾
A. 成虫 B. 幼虫

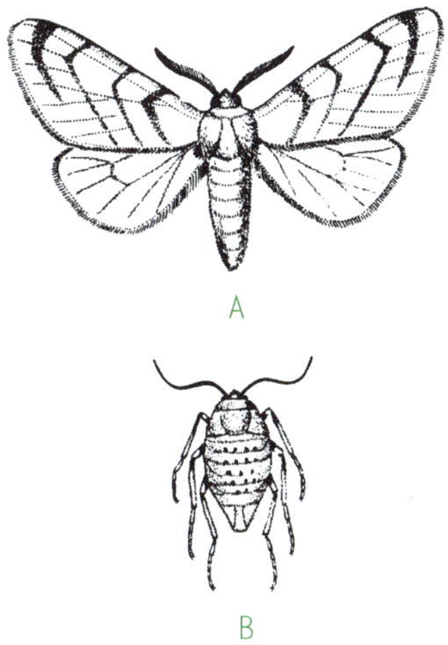

图3-2-11 春尺蛾
A. 雄成虫 B. 雌成虫

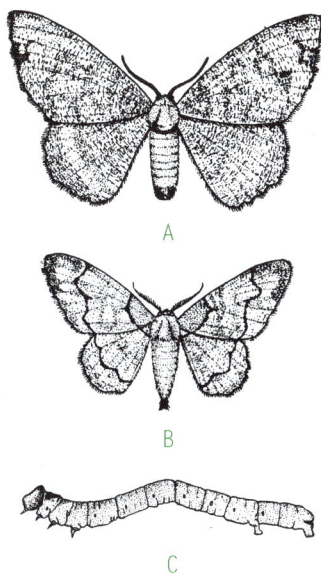

图3-2-12 油桐尺蛾
A. 雌成虫 B. 雄成虫 C. 幼虫

表3-2-6 常见尺蛾类害虫危害与识别

种名	分布与危害	识别特征	生活史及习性
国槐尺蛾	分布于山东、河北、河南、北京、浙江、陕西等地，主要危害国槐、龙爪槐，有时也危害刺槐	成虫体黄褐色，前翅有3条明显的黑色横线，近顶角处有1近长方形褐色斑纹；后翅有2条横线，中室外缘上有1黑色小点；老熟幼虫体紫红色	1年发生3～4代，以蛹在土中越冬；越冬代成虫5月上旬出现；幼虫5—6龄为暴食期，幼虫有吐丝下垂习性，故又称"吊死鬼"
春尺蛾	分布于宁夏、新疆、陕西、甘肃、青海、内蒙古、河北、山东，危害沙枣、杨、柳、榆、槐、苹果、梨、沙柳等多种林木、果树	雌成虫无翅，体灰色；腹部背面各节着生数目不等的成排黑刺；雄成虫前翅淡灰色至黑褐色，有3条波状横纹；幼虫灰褐色，腹部第2节两侧各有1个瘤状突起	1年发生1代，以蛹越冬；4月幼虫开始孵化；4—5龄幼虫耐饥能力强，可吐丝借风飘移传播至附近树木上危害
油桐尺蛾	分布于江苏、安徽、浙江、福建、湖南、湖北、江西、贵州、广西、广东、四川等地，危害油桐、油茶、乌桕、扁柏、侧柏、松、柿、杨梅、板栗、枣、山核桃和枇杷等	成虫体翅灰白色；翅上密布灰黑色小点，腹部肥大，末端具黄色毛丛；幼虫头部密布棕色颗粒状小点，头顶中央凹陷，两侧呈角状突起；前胸背面有2个小突起，第8节背面微突，气门紫红色	1年发生2～4代，以蛹越冬；翌年4月下旬成虫开始羽化，4月下旬至5月中旬交配产卵；第1代幼虫发生在5—6月；全年以第1代幼虫危害最为严重

（4）**袋蛾类**　袋蛾类属于鳞翅目袋蛾科，雌雄异型。雌蛾无翅，雄蛾翅上鳞片近透明。触角短小、双栉齿状，口器和足退化。幼虫吐丝缀叶，编织袋囊隐居其中，取食时头胸伸出袋外。常见种类有大袋蛾（图3-2-13）、茶袋蛾（图3-2-14）等，详见表3-2-7。

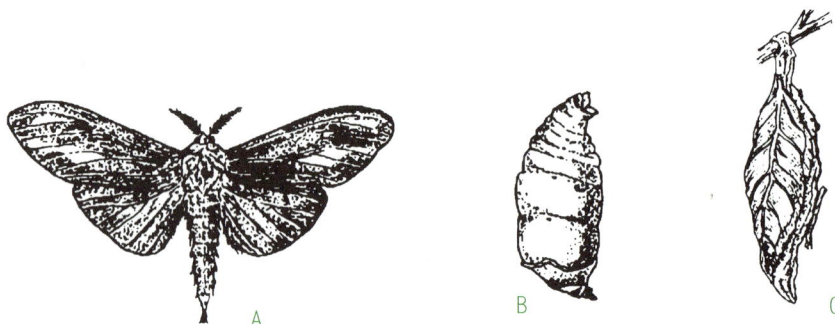

图 3-2-13　大袋蛾
A．雄成虫　B．雌成虫　C．护囊

图 3-2-14　茶袋蛾
A．成虫　B．护囊

表 3-2-7　常见袋蛾类害虫危害与识别

种名	分布与危害	识别特征	生活史及习性
大袋蛾	分布于华东、中南、西南等地，山东、河南发生严重，危害悬铃木、刺槐、泡桐、榆等多种植物	雌成虫无翅，体粗壮、肥胖；雄蛾黑褐色，体长 20～23 mm；护囊长 40～60 mm，囊外附有碎叶片、枝梗，排列不整齐	多数1年发生1代，以老熟幼虫在袋囊内越冬；翌年5月下旬至6月份羽化，雌虫产卵于护囊内；初龄幼虫孵化后从护囊内爬出，靠风力吐丝扩散，取食后吐丝并咬啮啐屑、叶片筑成护囊，护囊随虫龄增长而不断长大，幼虫取食、迁移时均负囊活动
茶袋蛾	分布于华东，湖南、陕西、四川、台湾等地也有分布，危害茶、悬铃木、杨、柳、女贞、榆、枸橘、紫荆等	成虫头部褐色，胸部各节背面有黄色硬皮板；雄虫前翅翅尖外缘和中央有长方形透明斑；护囊长 25～30 mm，囊外紧贴一层长短不齐的纵列小枝	1年发生1～3代，以幼虫在护囊内越冬；雌虫产卵于护囊内；幼虫孵化后从护囊内爬出，迅速分散；分散后吐丝缀叶作护囊，4龄后咬取小枝并纵列于囊外

（5）**刺蛾类**　刺蛾类属于鳞翅目刺蛾科，体粗壮多毛。喙退化。触角雌蛾线状，雄蛾锯齿状或双栉齿状。翅宽而密被厚鳞片，多呈黄、褐色或绿色。幼虫蛞蝓型。头内缩，胸足退化，腹足吸盘状。体常被有毒枝刺或毛簇。常见种类有黄刺蛾（图 3-2-15）、青刺蛾（图 3-2-16）等，详见表 3-2-8。

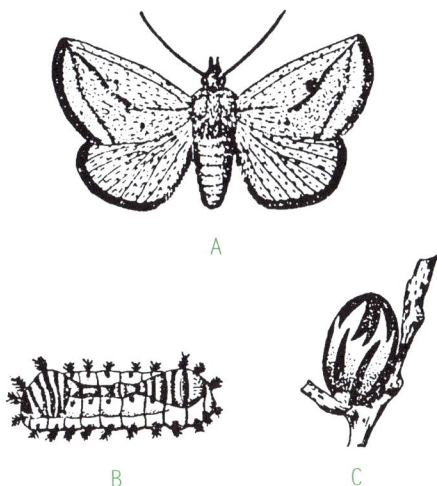

图 3-2-15　黄刺蛾
A. 雌成虫　B. 幼虫　C. 茧

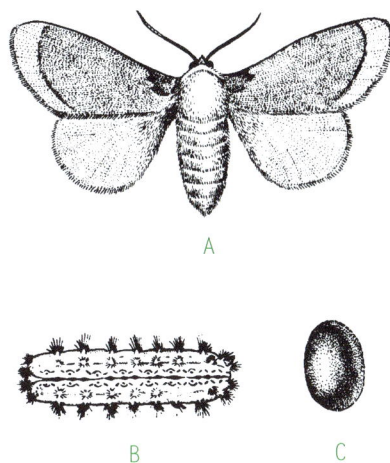

图 3-2-16　青刺蛾
A. 雌成虫　B. 幼虫　C. 茧

表 3-2-8　常见刺蛾类害虫危害与识别

种名	分布与危害	识别特征	生活史及习性
黄刺蛾	几乎遍及全国，危害重阳木、三角枫、刺槐、梧桐、梅花、月季、海棠、紫薇、杨、柳等 120 多种植物	成虫体橙黄色，触角丝状；前翅黄褐色，基半部黄色，端半部褐色，有两条暗褐色斜线，在翅尖上汇合于一点，呈倒"V"字形，后翅灰黄色；老熟体背面有 1 块紫褐色"哑铃"形大斑；茧灰白色，壳上有黑褐色纵条纹	1 年发生 1～2 代，以老熟幼虫在枝杈等处结茧越冬，6 月出现成虫；卵散产或数粒相连，多产于叶背；7 月份老熟幼虫吐丝和分泌黏液作茧化蛹
青刺蛾	几乎遍及全国，危害悬铃木、白榆、刺槐、杨、柳、枫、槭、白蜡、乌桕、喜树、梅花、紫荆、海棠、樱花、月季等	成虫头、胸背部及前翅绿色，后翅及腹部黄色；前翅基部有明显褐色斑纹，外缘处有 1 条宽黄色带；老熟幼虫翠绿色，前胸背板有 2 个小黑点，背线蓝色；腹末有 4 组黑色球形的刺毛丛	辽宁 1 年发生 1 代，以幼虫越冬；长江以南 1 年发生 2～3 代，6—7 月下旬幼虫活动；成虫产卵于叶背，常数 10 粒呈鱼鳞状排列

（6）**夜蛾类**　夜蛾类属于鳞翅目夜蛾科，中至大型。体翅多暗色，常具斑纹。喙发达，有单眼。幼虫体粗壮，光滑少毛，颜色较深。腹足 3～5 对，第 1、2 对

腹足常退化或消失。常见种类有斜纹夜蛾（图 3-2-17）、银纹夜蛾（图 3-2-18）等，详见表 3-2-9。

图 3-2-17　斜纹夜蛾

图 3-2-18　银纹夜蛾

表 3-2-9　常见夜蛾类害虫危害与识别

种名	分布与危害	识别特征	生活史及习性
斜纹夜蛾	全国各地均有分布，危害月季、香石竹、菊花、枸杞、荷叶、仙客来、瓜叶菊、丁香等	成虫前翅黄褐色，多斑纹，外横线间从前缘伸向后缘有 3 条白色斜线，故名斜纹夜蛾；老熟幼虫黑褐色，背线及亚背线灰黄色，亚背线上，每节有 1 对黑褐色半月形的斑纹	1 年发生 5～7 代，以蛹在土中越冬。翌年 3 月羽化，成虫对糖、酒、醋等发酵物有很强的趋性
银纹夜蛾	分布遍及全国各地，危害菊花、大丽花、一串红等多种花卉	成虫体灰褐色，胸部竖有两束毛；前翅深褐色，有 2 条银色波状横线，后翅暗褐色，有金属光泽；老熟幼虫青绿色，腹部 5、6 及 10 节上各有 1 对腹足，背面有 6 条白色细小纵线	1 年发生 2～8 代，以老熟幼虫或蛹越冬；初孵幼虫群集叶背取食，幼虫有假死性

（7）螟蛾类　螟蛾类属于鳞翅目螟蛾科，体小至中型，瘦长。触角丝状。前翅狭长。幼虫有卷叶，缀叶，蛀茎、干、果实或种子等习性。常见种类有黄杨绢野螟（图 3-2-19）、棉卷叶野螟（图 3-2-20）等，见表 3-2-10。

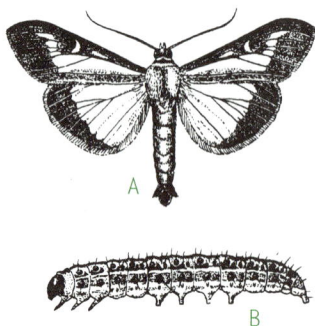

图 3-2-19　黄杨绢野螟
A．成虫　B．幼虫

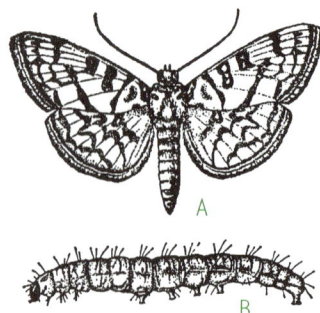

图 3-2-20　棉卷叶野螟
A．成虫　B．幼虫

表 3-2-10　常见螟蛾类害虫危害与识别

种名	分布与危害	识别特征	生活史及习性
黄杨绢野螟	分布于青海、河北、山东、江苏、上海、浙江、江西、湖南、广东、贵州、四川、西藏等地，危害各品种黄杨、冬青、卫矛等	成虫头顶触角间的鳞毛白色；翅白色半透明，前翅前缘褐色，中室内有 2 个白点，外缘与后缘均有 1 褐色带，后翅外缘边缘黑褐色；老熟幼虫头部黑褐色，胴部黄绿色，前胸背面有 2 块三角形大黑斑	该虫在山东 1 年发生 3 代，以第 3 代低龄幼虫在叶苞内做茧越冬，次年 4 月中旬开始危害，5 月上旬始见成虫；卵多产于叶背或枝条上；初孵幼虫于叶背食害叶肉，幼虫吐丝缀叶作巢危害寄主植物
棉卷叶野螟	分布于全国各地，主要危害秋葵、木槿、芙蓉、女贞、木棉、扶桑、蜀葵和海棠等	成虫体淡黄色；头部浅黄色，胸部背面有 12 个黑褐色小点排成 4 行；前翅前缘近中央处有 "OR" 形的褐色斑纹；老熟幼虫体绿色，头部棕黑色，胸足黑色	1 年发生 3 ～ 5 代，以幼虫越冬；翌年 5 月羽化成虫；6—7 月初孵幼虫聚集叶背啃食叶肉，将叶片卷成筒状，潜藏其中危害

（8）**天蛾类**　天蛾类属于鳞翅目天蛾科，大型，触角末端弯曲成钩状。前翅狭长，外缘倾斜。幼虫第 8 腹节背面中央有 1 个尾角。常见种类有霜天蛾（图 3-2-21）、鬼脸天蛾、蓝目天蛾等。

霜天蛾又名泡桐灰天蛾，分布于全国各地，危害的园林植物有梧桐、丁香、女贞、泡桐、白蜡、苦楝、樟和楸等。

成虫体长 45 ～ 50 mm，体翅灰白色。胸部背面有灰黑色鳞片组成的圆圈，前翅上有黑灰色斑纹，顶角有 1 个半圆形黑色斑纹，中室下方有 2 条黑色纵纹，后翅灰白色。腹部背中央及两侧各有 1 条黑色纵纹。老熟幼虫绿色，有 2 种体色变化：一种是腹部 1 ～ 8 节两侧有 1 条白斜纹，斜纹上缘紫色，尾角绿色；另一种是身体上有褐色斑块，尾角褐色，上生短刺。

霜天蛾 1 年发生 1 ～ 3 代，以蛹在土中越冬，翌年 4 月下旬至 5 月羽化。6—7 月份危害最烈，可食尽树叶，树下有深绿色大粒虫粪。10 月底幼虫老熟入土化蛹越冬。卵多散产于叶背。

（9）**灯蛾类**　灯蛾类属于鳞翅目灯蛾科，体小至中型，粗壮多毛。触角栉齿状或丝状。腹部多为红、黄色，翅多为白黄、灰色，腹部与翅面上常有黑色条纹或斑点。幼虫体多毛瘤，趾钩为单序异形中带。代表种类有美国白蛾（图 3-2-22）等。

美国白蛾是我国检疫性有害生物之一，分布于辽宁、天津、河北、河南、山东、上海和陕西，危害桑树、臭椿、白蜡、榆树、山楂、苹果、梨、樱桃、杨、柳、杏、泡桐、葡萄、香椿、李、槐树和桃树等 200 多种植物。以幼虫在寄主植物上吐丝作网幕，幼虫取食叶片。

成虫体翅白色，雌蛾体长 9 ~ 15 mm，雄蛾体长 9 ~ 14 mm。雌成虫触角锯齿状，雄成虫触角双栉齿状。雌蛾前翅纯白色，雄蛾前翅常散生多个黑褐色斑点。根据头部色泽幼虫分为红头型和黑头型两类，老熟幼虫体长 28 ~ 35 mm。

1 年发生 2 ~ 3 代，以蛹越冬，翌年 5—6 月羽化为成虫。卵产于叶背，幼虫孵化后几小时即可吐丝拉网，3—4 龄时网幕直径达 1 m 以上，幼虫共 7 龄。6—7 月为第 1 代幼虫危害盛期，8—9 月为第 2 代幼虫危害盛期，9 月上旬开始陆续化蛹越冬。

（10）枯叶蛾类　枯叶蛾类属于鳞翅目枯叶蛾科，体中至大型，粗壮多毛。触角双栉齿状，静止时似枯叶。幼虫体具长毛，中后胸具毒毛带，腹足趾钩双序纵带。常见种类有马尾松毛虫（彩图 12）、油松毛虫（图 3-2-23）、黄褐天幕毛虫（图 3-2-24）等，详见表 3-2-11。

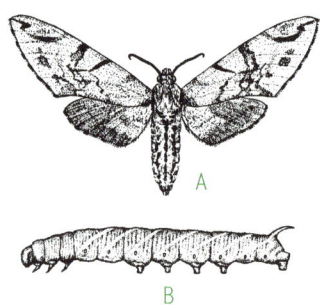

图 3-2-21　霜天蛾
A. 成虫　B. 幼虫

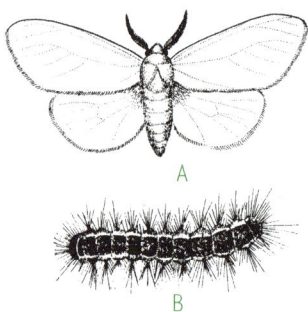

图 3-2-22　美国白蛾
A. 成虫　B. 幼虫

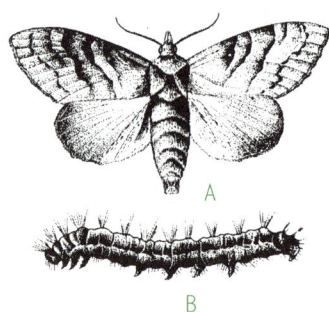

图 3-2-23　油松毛虫
A. 成虫　B. 幼虫

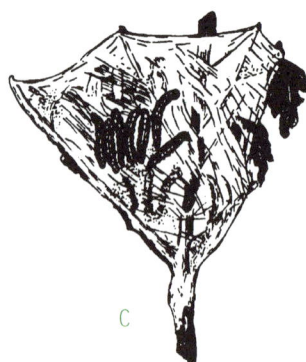

图 3-2-24　黄褐天幕毛虫
A. 雌成虫　B. 雄成虫　C. 结网危害状

表 3-2-11　常见枯叶蛾类害虫危害与识别

种名	分布与危害	识别特征	生活史及习性
马尾松毛虫	分布于广东、广西、云南、贵州、福建、四川、陕西、湖南、湖北、江西、浙江、安徽、河南、台湾等地，危害马尾松、湿地松、火炬松等	成虫体色变化大，雌蛾触角栉齿状，雄蛾羽毛状；前翅亚外缘斑列深褐或黑褐色近长圆形，中室端有1个小白色斑；幼虫头部黄褐色，中、后胸背面有明显黄黑色毒毛带；体侧着生许多白色长毛	河南1年发生2代，长江流域1年发生2～3代，广东、广西、福建1年发生3～4代，海南1年发生4～5代；以3—4龄幼虫越冬；卵常成串球状或堆状；初孵幼虫有群集和吐丝下垂借风传播习性
油松毛虫	分布于北京、河北、辽宁、山东、山西、四川、陕西等高海拔油松分布区，危害油松、樟子松、华山松及白皮松等	翅花纹清楚，雌虫前翅中横线内侧和锯齿状外横线外侧有1条双重的浅色线纹，中室端白斑小；幼虫灰黑色，体侧具长毛，花纹明显；头黄褐色，额区中央有1块深褐色斑，身体两侧各有1条纵带	1年发生1～3代，以4～5龄幼虫越冬；1年发生1代者，翌春3—4月出蛰，危害至6月幼虫老熟化蛹；6月下旬至7月上旬为羽化盛期；卵成块产于1年生松针上
黄褐天幕毛虫	分布于东北、华北、西北等地，危害杨梅、桃、李、杨、柳、榆、栎、苹果、梨和樱桃等多种阔叶树木	雄蛾体翅褐色，前翅中央有1条深红褐色宽带，雌蛾前翅中部有1条浅褐色宽带，宽带外侧有1条黄褐色镶边；老熟幼虫体长55 mm，头部蓝灰色，胴部背面橙黄色、黄色，中央有1条白色纵线，体侧有鲜艳的蓝灰色、黄色或黑色带	1年发生1代，以卵在小枝条上越冬；初孵幼虫吐丝作巢，群居生活；稍后，于枝杈间结成丝网群居；白天潜伏，晚上外出取食；6—7月幼虫老熟，在叶间作茧化蛹；7月羽化成虫，卵产于细枝上，呈"顶针状"

3. 叶甲类

叶甲类属于鞘翅目、叶甲科。叶甲科成虫常具有金属光泽，触角丝状，跗节"似为4节"，实为5节。幼虫肥壮，具3对胸足。体背常具枝刺、瘤突。常见种类有椰心叶甲（图3-2-25）、榆紫叶甲（图3-2-26）、葡萄十星叶甲等，详见表3-2-12。

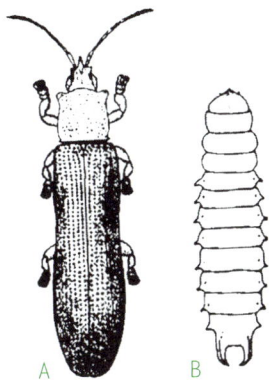

图 3-2-25　椰心叶甲
A. 成虫　B. 幼虫

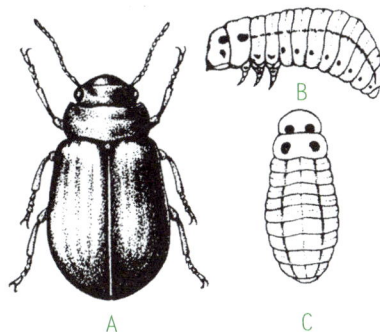

图 3-2-26　榆紫叶甲
A. 成虫　B. 幼虫　C. 幼虫背面

叶甲类昆虫及其危害状

表 3-2-12　常见叶甲类害虫危害与识别

种名	分布与危害	识别特征	生活史及习性
椰心叶甲	分布于海南、广东、台湾等地，危害棕榈科植物	成虫体形稍扁，头部、复眼、触角均呈黑褐色，前胸背面橙黄色，鞘翅蓝黑色具有金属光泽，上有小刻点组成的纵纹数条；老熟幼虫体扁，黄白色，头部黄褐色，尾突明显呈钳状	1 年发生 3 ~ 6 代，成虫和幼虫潜藏于未展开的心叶内取食，受害心叶呈现失水青枯现象；成、幼虫喜欢危害 3 ~ 6 年生的棕榈科植物
榆紫叶甲	主要分布于东北平原地区及河北、山东、河南、贵州等地，严重危害家榆	成虫近椭圆形，鞘翅背面呈弧形隆起；体表呈紫红色和金绿混杂的虹彩光泽，翅面有 5 条光泽带；前胸背板、鞘翅布满点刻；老熟幼虫乳黄色，头顶有 4 个黑斑，前胸背板 2 个黑斑；背中线灰色，下方有 2 条淡金黄色纵带	1 年发生 1 代，以成虫在浅土层中越冬，次年 4 月出蛰，啃食叶芽、花芽、叶片，4 月下旬至 5 月中旬交尾产卵；5 月上中旬幼虫孵出，幼虫有迁移危害习性

4. 叶蜂类

叶蜂类属于膜翅目三节叶蜂科、叶蜂科等。胸腹部连接广阔，口器咀嚼式。触角丝状，三节叶蜂科触角 3 节，叶蜂科触角 7 ~ 15 节。前足胫节具 2 个端距。幼虫具 6 ~ 8 对腹足。常见种类有月季叶蜂（图 3-2-27）、樟叶蜂（图 3-2-28）等，详见表 3-2-13。

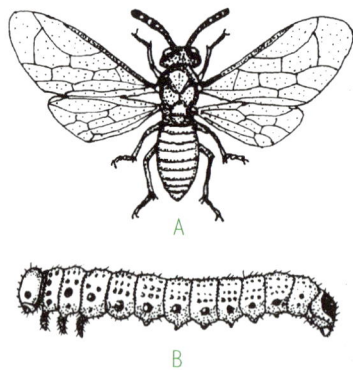

图 3-2-27　月季叶蜂
A. 成虫　B. 幼虫

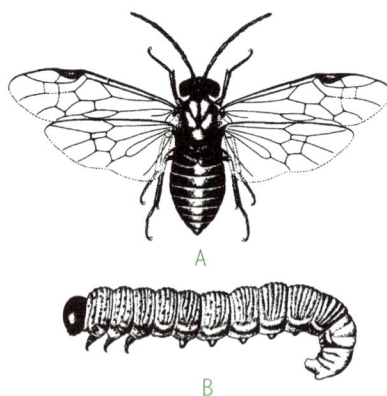

图 3-2-28　樟叶蜂
A. 成虫　B. 幼虫

表 3-2-13 常见叶蜂类害虫危害与识别

种名	分布与危害	识别特征	生活史及习性
月季叶蜂	分布于华北、华东、华南等地，危害蔷薇、月季、十姐妹、黄刺玫和玫瑰等花卉	成虫头、胸、足为黑色，腹部橙黄色；前翅黑色，半透明；老熟幼虫体长 23 mm，头淡黄色，胴部黄绿色，各节有 3 条横向黑点线，腹足 6 对	1 年发生 1～9 代，以老熟幼虫越冬，翌年 3 月上旬化蛹、羽化；成虫用产卵器在寄主植物新梢纵切开一口，产卵于其中，使茎部纵裂，变黑易折断；初龄幼虫有群集习性
樟叶蜂	分布于浙江、福建、江西、湖南、广东、广西、四川、台湾等省，危害樟树	成虫头部黑色有光泽，触角丝状；中胸棕黄色，后缘呈三角形，上有 "X" 字形凹纹；老熟幼虫头黑色，体浅绿色，全身多皱纹，胸部及腹部 1～2 节背面密被黑色小点	1 年发生 1～4 代，以老熟幼虫越冬，第 1 代老熟幼虫入土结茧后，有的滞育到次年再继续发育，有的则正常化蛹，当年继续繁殖后代

5. 竹蝗类

竹蝗类属于直翅目、蝗科。蝗科昆虫俗称蝗虫或蚂蚱，触角丝状或剑状。后足为跳跃足，产卵器凿状。常见种类有黄脊竹蝗（图 3-2-29）等。

黄脊竹蝗分布于我国华东、华中、华南、西南，危害多种竹子，以毛竹危害最重。

成虫绿色或黄绿色，由额顶至前胸背板中央有一条淡黄色纵纹，愈向后愈宽。后足腿节两侧有排列整齐的"人"字形褐色沟纹。若虫称跳蝻，体形似成虫，但无翅，共 5 龄。

1 年发生 1 代，以卵在土中越冬。在湖南越冬卵于次年 5 月初开始孵化，成虫 7 月下旬为羽化盛期，8 月中旬为产卵盛期。成虫和跳蝻有嗜好咸味和人尿的习性。

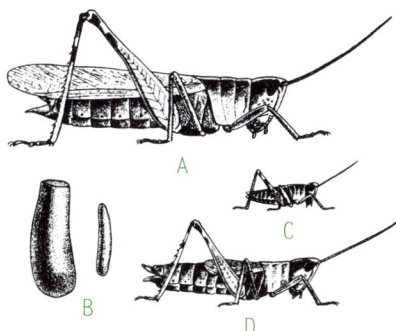

图 3-2-29 黄脊竹蝗
A. 成虫 B. 卵
C. 1 龄跳蝻 D. 5 龄跳蝻

二、食叶害虫的防治方法

食叶害虫防治技术如下。

1．加强植物检疫

严禁调入、调出带虫苗木，尤其对于来自美国白蛾疫区、椰心叶甲疫区的相关植物产品，必须严格检疫，防止其传播蔓延。

2．利用园林栽培技术预防

选育抗性树种，增强植株的抗虫能力。消灭越冬虫源，及时清除落叶、杂草，破坏害虫隐蔽场所，减少越冬虫口基数。

3．物理防治

（1）利用趋光性，在成虫羽化盛期用诱虫灯进行诱杀。

（2）利用趋化性，用糖醋液诱杀夜蛾。糖醋液配方：糖∶酒∶醋∶水＝（2∶1∶2∶2）＋少量敌百虫。

（3）人工捕杀成虫，摘除卵块、虫苞、越冬虫囊、网幕等，可杀死大量害虫。

4．生物防治

（1）保护利用天敌。如释放赤眼蜂防治松毛虫，释放白蛾周氏啮小蜂防治美国白蛾。

（2）在幼虫期使用白僵菌、青虫菌、苏云金芽孢杆菌等微生物制剂。

5．药剂防治

（1）在幼虫3龄前及时喷施药剂，防止幼虫分散危害。常用药剂有25%灭幼脲胶悬剂1 500～2 500倍液、2.5%溴氰菊酯乳油3 000～5 000倍液、50%辛硫磷乳油1 500～2 000倍液、1.8%阿维菌素乳油1 000～3 000倍液、5%定虫隆乳油1 000～2 000倍液。

（2）对于有上、下树习性的幼虫，可用溴氰菊酯毒笔在树干上涂1～2个闭合环，可毒杀幼虫；也可绑毒绳等阻止幼虫上、下树。

能力培养

当地（公园、苗圃等）园林植物食叶害虫的防治

1．训练准备

以小组为单位进行食叶害虫防治。准备喷雾器、杀虫灯、铁锹、特制剪刀、量筒、镊子、放大镜、柴油、赤眼蜂卵卡、白蛾周氏啮小蜂、25% 灭幼脲胶悬剂等工具和材料。

课前查阅当地园林植物害虫的调查资料、害虫种类与分布情况。

2．具体操作

见表 3-2-14。

表 3-2-14　当地园林植物食叶害虫防治

工作环节	操作规程	操作要求
确定防治对象	通过踏查确定苗圃或公园内食叶害虫的种类、分布及所危害的植物种类	（1）安全第一，细心操作。 （2）野外观察时要借助放大镜、镊子等工具，采集时要注意标本完整
确定防治地点和面积	确定作业的地点，详细测量被害植物的面积	用 GPS 测量防治面积
查阅生活史及设计防治方案	查阅蛾类等常见害虫的参考资料，确定防治对象的生活习性，根据实际情况设计合适的防治方案，如黑光灯诱杀、释放天敌昆虫、人工捕杀或喷施药剂	对防治对象的生活史应作详细的记录，并熟悉防治技术规程
组织实施	各小组根据防治设计方案分解任务，落实到每个人： （1）成虫羽化盛期，在园圃内挂黑光灯诱杀成虫。杀虫灯挂在园圃较开阔的地方，晚上 20：00—23：00 开灯。 （2）在松毛虫发生区挂赤眼蜂卵卡；在美国白蛾发生区释放白蛾周氏啮小蜂，放蜂比例为：蜂：虫 =5：1，时间在晴天 10：00—17：00。	（1）安装和使用杀虫灯时，要注意人身安全。 （2）人工捕杀时要避免毒蛾、刺蛾等幼虫对皮肤的伤害。 （3）喷雾时，要均匀周到。操作者应戴口罩、手套，在上风头、顺风喷。操作完毕后要清洗工具，洗脸、洗手。

续表

工作环节	操作规程	操作要求
组织实施	（3）人工捕杀群集的低龄幼虫、茧。 （4）喷施 25% 灭幼脲胶悬剂 1 500 ~ 2 500 倍液等（具体使用药剂可根据市面新品种做调整），进行药剂防治作业	
检查验收与效果评价	防治结束后统计活虫数量与死虫数量，对防治结果进行总结、分析，写出防治报告，将资料归档	对数据进行分析，并提出改进措施。

随堂练习

1. 说出所采集的食叶害虫所属的目、科（以采集回来的标本展示）。
2. 以当地常见食叶害虫为例，说明可以采取哪些防治措施？
3. 找出以上防治措施中需要改进的地方。

任务 3.3 吸汁害虫识别及防治

任务目标

知识目标：

1. 了解吸汁害虫的危害特点。
2. 了解吸汁害虫的类型。
3. 掌握吸汁害虫的鉴别。
4. 掌握吸汁害虫的防治方法。

技能目标： 能设计蚧、蚜、木虱、粉虱、叶蝉、螨、蓟马等吸汁害虫的防治方案，并实施。

知识学习

一、吸汁害虫的危害特点和常见类群鉴别

园林植物吸汁害虫包括半翅目的介壳虫、蚜虫、木虱、粉虱、叶蝉和螨类；缨翅目的蓟马等。

吸汁害虫的发生特点是：①以刺吸式口器吸取幼嫩组织的养分，导致叶片变色、皱缩、形成虫瘿，或使枝条枯萎、植物畸形等；②吸汁害虫多数发生代数多，高峰期明显；③大多个体小，繁殖力强，发生初期危害状不明显，易被忽视；④扩散蔓延迅速，借风力、苗木传播蔓延；⑤很多种类为媒介昆虫，可传播植物病毒病和植原体病害。

1. 蚧类

蚧类属于半翅目、蚧总科。蚧总科通称介壳虫，形态奇特，雌雄异型。雌虫无翅，体表常被蜡粉、蜡块或介壳。雄虫有 1 对前翅，后翅退化成平衡棒。常见种类有

吹绵蚧（彩图13）、草履蚧（彩图14）、埃及吹绵蚧（彩图15）、红蜡蚧（彩图16）、松突圆蚧（彩图17）、日本龟蜡蚧（彩图18）、日本松干蚧（彩图19）、桑白盾蚧（彩图20）、扶桑棉粉蚧（彩图21）等，详见表3-3-1。

表3-3-1　常见蚧类害虫危害与识别

种名	分布与危害	识别特征	生物学特性
吹绵蚧	分布于热带和暖温带地区，危害月季、海棠、海桐、牡丹、玫瑰、桂花、相思树、重阳木等	雌成虫橘红色，背面隆起，体外被有黄白色的蜡粉及絮状纤维；腹部后方有白色卵囊，囊上有14～16条纵条纹；雄成虫体小而细长，橘红色	1年发生代数因地而异，广东1年发生3～4代、浙江2～3代，以雌成、若虫越冬；初孵若虫多寄生在叶背主脉两侧，2龄后逐渐迁移至枝干阴面群集危害
草履蚧	分布于黑龙江、辽宁、吉林、河北、山西、江苏、湖南、广东和广西等地，危害广玉兰、罗汉松、碧桃、海棠、大叶黄杨、龙爪槐、悬铃木、泡桐等	雌成虫扁平、椭圆形，似草鞋状，腹部有横列皱纹和纵走凹沟；雄成虫体紫红色，翅1对，淡黑色；若虫与雌成虫相似，但体小，色深	1年发生1代，以卵囊在土中越冬；越冬卵在当年的12月和次年1月间孵化，3月上、中旬若虫上树较多，吸食危害1～2年生枝；4月中、下旬雄若虫分泌大量蜡丝缠绕虫体，变拟蛹
埃及吹绵蚧	分布于广东、云南、台湾和香港等地，危害木兰科、柚木、合欢、番石榴、土密树和波罗蜜等	雌虫体椭圆形，体缘有楔状长蜡突10对，盖于卵袋之上，全体外形如水生动物"海星"	此虫近年广州发生普遍且严重，食性杂，多在叶背取食，使树木生长严重受阻，并导致煤污病发生
红蜡蚧	分布于长江以南各地，北方温室内也有发生，食性杂，主要危害枸骨、白玉兰、栀子花、木莲、桂花、月桂、苏铁、山茶、月季、南天竹等	雌成虫介壳背面隆起呈半球形，顶部凹陷，有4条白色蜡带向上卷起，介壳中央有一白色脐状点；雄成虫白色；初孵若虫灰紫红色，2次蜕皮后，体背覆以白色透明蜡质	1年发生1代，以受精雌成虫在枝干上越冬；5月下旬至6月上、中旬产卵、孵化；雄若虫于8月下旬变拟蛹，9月中旬羽化、交尾
松突圆蚧	分布于广东、香港、澳门、福建和台湾等，危害马尾松、黑松、湿地松、火炬松、加勒比松和南亚松等松属植物	雌介壳圆形或椭圆形，隆起，白色或浅灰黄色，有蜕皮壳2个，雌成虫体宽梨形，淡黄色；雄介壳长椭圆形，有蜕皮壳1个	广东1年发生5代，无明显的越冬阶段；主要以雌蚧虫在松针叶鞘包被的老针叶茎部、嫩梢基部、新鲜果鳞、新叶柔嫩的中下部吸食汁液
日本龟蜡蚧	分布于全国各地，食性杂，危害山茶、夹竹桃、白兰、含笑、海桐、桂花、月季、海棠、牡丹和芍药等	雌成虫椭圆形，暗紫褐色，雌虫蜡壳灰白色，背部隆起，表面具龟甲状凹线，蜡壳顶偏在一边，周边有8个圆突；雄若虫蜡壳椭圆形，周围有放射状蜡丝13根	1年发生1代，以受精雌成虫在枝条上越冬；6—7月若虫大量孵化，多固定于正面靠近叶脉处危害；雌若虫8月陆续由叶片转至枝干，9月下旬大量羽化

续表

种名	分布与危害	识别特征	生物学特性
日本松干蚧	分布于辽宁、山东、江苏、浙江和上海等地，主要危害赤松、油松、马尾松及黑松等	雌成虫卵圆形，橙褐色，头部较窄，腹端肥大；雄成虫前翅发达，半透明，具有明显的羽状纹，后翅退化成平衡棒，腹末分泌白色长蜡丝 10～16 条；3 龄雄若虫长椭圆形、橙褐色，外形与雌成虫相似	1 年发生 2 代，以 1 龄寄生若虫越冬（或越夏）；发生期南北有差异，山东越冬代成虫期为 5 月上旬至 6 月中旬，浙江为 3 月下旬至 5 月下旬；若虫孵化后沿树干向上爬行，于树皮缝隙、翘裂皮下和叶腋处固定寄生
桑白盾蚧	分布于全国各地，危害梅花、桃花、棕榈、芙蓉、苏铁、桂花、榆叶梅、木槿、玫瑰、夹竹桃、蒲桃、山茶、白蜡和紫穗槐等	雌介壳近圆形，灰白色，背面微隆有螺旋纹，在介壳边缘有 2 个黄褐色壳点；雄介壳细长，白色，背面有 3 条纵脊，壳点橙黄色，位于介壳的前端	1 年发生 2～5 代，以受精雌成虫固着在枝条上越冬；各代若虫孵化期分别在 5 月上、中旬，7 月中、下旬及 9 月上、中旬；介壳边缘常有相互重叠的现象
扶桑棉粉蚧	分布于广东、台湾等地，2008 年发现于广州市区的绿化植物扶桑上，该虫还危害棉花、向日葵、蜀葵、马缨丹等	体卵圆形，浅黄色，腹脐黑色，被有蜡粉，在胸部可见 0～2 对，腹部可见 3 对黑色斑点。体缘有蜡突，均短粗，腹部末端 4～5 对较长	扶桑棉粉蚧主要危害扶桑、棉花和其他植物的幼嫩部位，以雌成虫和若虫吸食汁液危害；受害植株生长势衰弱，生长缓慢或停止，失水干枯，分泌的蜜露可诱发煤污病

2. 蚜虫类

蚜虫类属于半翅目蚜亚目。蚜亚目为小型多态昆虫，同种有无翅型和有翅型。触角 3～6 节，腹部有 1 对腹管，末节背板和腹板分别形成尾片和尾板（图 3-3-1）。蚜虫分泌的蜜露可诱发植物的煤污病。常见种类有桃蚜（彩图 22）、月季长管蚜（彩图 23）、棉蚜（彩图 24）等，详见表 3-3-2。

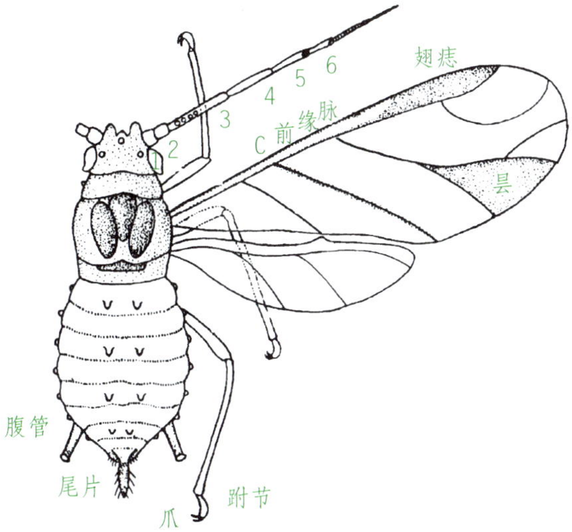

图 3-3-1　蚜亚目特征

表 3-3-2　常见蚜类害虫危害与识别

种名	分布与危害	识别特征	生活史及习性
桃蚜	分布于全国各地，危害海棠、郁金香、叶牡丹、百日草、金鱼草、金盏花、樱花、蜀葵、梅花、夹竹桃、香石竹、桃、樱桃等300余种花木	无翅胎生雌蚜体黄绿色或赤褐色，卵圆形，额瘤显著，腹管较长，圆柱形；有翅胎生雌蚜头及中胸黑色，复眼红色，额瘤显著；若蚜和无翅成蚜相似，身体较小	北方1年发生20～30代，南方1年发生30～40代，以卵越冬；翌年3月开始孵化危害，5、6月份虫口密度增大，不断产生有翅蚜迁飞至蜀葵和十字花科植物上危害；至晚秋10—11月又产生有翅蚜迁返桃树、樱花等树木，不久产生雌、雄性蚜，交配产卵越冬
月季长管蚜	分布于山东、浙江等地，危害月季、蔷薇等	无翅胎生雌蚜体长卵形，浅绿色或黄绿色，腹管长圆筒形，尾片长圆锥形；有翅胎生雌蚜体长卵形，草绿，第8节有1个大宽横带斑	1年发生10代左右，以成、若蚜在叶芽和叶背越冬；全年发生盛期在4—5月和9—10月；平均气温在20℃左右、气候又比较干燥时，利于其生长和繁殖
棉蚜	分布于全国各地，危害扶桑、木槿、石榴、一串红、倒挂金钟、茶花、菊花、牡丹、垂竹、夹竹桃、兰花、梅花等。	无翅胎生雌蚜棕黄至黑色，触角6节，腹管圆筒形，尾片圆锥形；有翅胎生雌蚜黄色或浅绿色，前胸背板黑色，腹部两侧有3～4对黑斑纹，腹管黑色，圆管形；无翅若蚜初淡黄色，后黄绿色	1年发生20～30代，以卵越冬；翌年3—4月孵化；4—5月产生有翅雌蚜，飞到菊花、扶桑、棉叶等寄主上危害；晚秋10月间产生性蚜交配产卵

3. 木虱类

木虱类属于半翅目木虱科，体小型，触角较长，末端有2条不等长的刚毛。若虫椭圆形或长圆形，许多种类被蜡丝，若虫的分泌物引起煤污病，柑橘木虱还是传播黄龙病的媒介。常见种类有梧桐木虱（彩图25）、柑橘木虱（彩图26）等，详见表3-3-3。

表 3-3-3　常见木虱类害虫危害与识别

种名	分布与危害	识别特征	生活史及习性
梧桐木虱	分布于北京、河南、山东、陕西、江苏和浙江等地区，危害梧桐	雌成虫黄绿色，触角黄色，最后2节黑色，足淡黄色，翅无色透明；若虫共3龄，3龄若虫体略呈长圆筒形，白色蜡质层较厚	在陕西1年发生2代，以卵在枝叶上越冬，次年4月下旬至5月上旬越冬卵开始孵化，6月羽化成虫，成虫产卵前需补充营养；喜爬行，如受惊扰即跳跃他处

续表

种名	分布与危害	识别特征	生活史及习性
柑橘木虱	分布于广东、江西、云南、贵州、四川、福建、台湾等地，危害柑橘、柚、黄皮、九里香等	成虫体青灰色，有灰褐色刻点，头顶突出如剪刀状，上有"品"字形排列的 3 个褐色大点；老熟若虫体扁薄，体上有黑色块状斑，腹侧有尖刺，并分泌有蜡丝	1 年发生 5~6 代，世代重叠，全年可见各个虫态，以成虫越冬；4 月以后，虫口密度渐高，9—10 月以后渐少；严重危害期多在春季和初夏，但秋梢嫩芽亦遭其害

4. 粉虱类

粉虱类属于半翅目粉虱科，体小型，触角 7 节，第 2 节膨大。翅膜质，被有蜡粉。幼虫、成虫腹末背面有管状孔。以成、若虫群集在植物叶背吸汁危害，成虫和若虫分泌蜜露，诱发煤污病。主要种类有温室白粉虱（彩图 27）、黑刺粉虱（彩图 28），详见表 3-3-4。

表 3-3-4　常见粉虱类害虫危害与识别

种名	分布与危害	识别特征	生活史及习性
温室白粉虱	是一种分布很广的露地和温室害虫，危害多种花卉的叶片	成虫体浅黄或浅绿色，被有白色蜡粉，复眼赤红色，前、后翅上各有 1 条翅脉；若虫体扁平，黄绿色，体表具长短不一的蜡丝，两根尾须稍长	1 年发生 10 余代，在温室内可终年繁殖，以各种虫态在温室植物上越冬；成虫喜欢选择上部嫩叶栖息、活动、取食和产卵；成虫一般不大活动，对黄色和嫩绿色有趋性
黑刺粉虱	分布于浙江、江苏、广东、广西、福建和台湾等地，危害月季、蔷薇、春兰、米兰、玫瑰、山茶、榕树、樟树和柑橘等	成虫体橙黄色，覆有白色蜡粉，前翅紫褐色，有 7 个不规则的白色斑纹；若虫淡黄绿色，体周围有小突起 17 对，并有白色放射状蜡丝，随虫龄增大，体色渐成黑色	浙江 1 年发生 4 代，以末龄若虫或拟蛹在叶背越冬，次年 5 月上、中旬成虫开始羽化；成虫以 7、8 月发生较多，白天活动；卵产于叶背，老叶上的卵比嫩叶上多；成虫有孤雌生殖现象和趋光性

5. 叶蝉类

叶蝉类属于半翅目叶蝉科，体小型，狭长。触角刚毛状，单眼 2 个。后足胫节有 1~2 列短刺。叶蝉善跳，有横走习性。代表种类有大青叶蝉（图 3-3-2）。

大青叶蝉分布于全国各地，危害木芙蓉、杜鹃、梅、李、樱花、海棠、梧桐、扁柏、桧柏、杨、柳、刺槐等多种花木，以成虫和

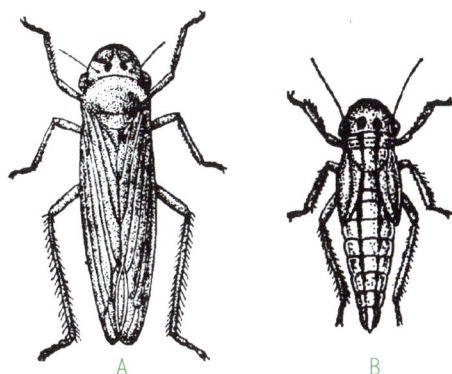

图 3-3-2　大青叶蝉
A. 成虫　B. 若虫

若虫刺吸植物汁液。受害叶片呈现小白斑，还可传播病毒病。

成虫青绿色，触角窝上方，两单眼之间有 1 对黑斑；复眼三角形，绿色；前翅绿色带有青蓝色泽，端部透明；后翅烟黑色，半透明；足橙黄色。若虫共 5 龄，体黄绿色，具翅芽。

此虫 1 年发生 3 ~ 5 代，以卵在被害花木枝条的皮层内越冬。翌年 4 月上、中旬孵化。若虫孵化后常喜群集在草上取食。5 月下旬第 1 代成虫羽化，第 2 代成虫发生在 7—8 月间，9—11 月第 3 代成虫出现。10 月中旬开始在枝条上产卵。产卵时以产卵器刺破枝条表皮呈半月形伤口，将卵产于其中，排列整齐。成虫喜在潮湿背风处栖息，有很强的趋光性。

6. 蝽类

蝽类属于半翅目。主要类群有蝽科、盲蝽科、网蝽科这三科的特征识别如表 3-3-5。常见种类有荔枝蝽（彩图 29）、绿盲蝽（图 3-3-3）、杜鹃冠网蝽（彩图 30）等，详见表 3-3-6。

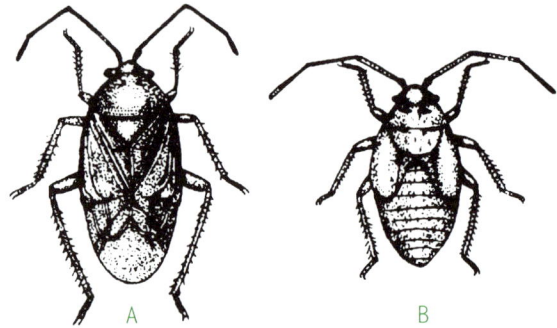

图 3-3-3　绿盲蝽
A. 成虫　B. 若虫

表 3-3-5　蝽类重要科特征

科名	识别特征	重要种类
蝽科	体小至大型；触角 5 节，部分种类 4 节；有单眼，喙 4 节；小盾片发达、三角形，至少超过爪片长度；跗节 3 节	麻皮蝽
盲蝽科	体小至中型；触角 4 节，无单眼；喙 4 节，第 1 节与头部等长或略长	绿盲蝽
网蝽科	体小型，体扁平；头部、前胸背板及前翅上有网状纹	杜鹃冠网蝽

表 3-3-6　常见蝽类害虫的危害与识别

种名	分布与危害	识别特征	生活史及习性
麻皮蝽	分布于全国各地，危害榆树、柿、樟树、合欢、刺槐、构树、悬铃木、梨、柑橘、苹果、龙眼等多种树木	成虫体黑色，密布黑色刻点和不规则细碎的黄斑，前胸背板前缘和前侧缘镶有黄色窄边，侧角呈三角形，略突出；若虫头、胸、翅芽黑色，全身披白粉，头前端中央至小盾片具一淡黄色中线	1 年发生 1 ~ 2 代，以成虫越冬，次年 3 月下旬出蛰活动，4 月下旬至 5 月中旬产卵；全年以 5—7 月危害最烈；初孵若虫，常群集于叶背，3 龄后分散

续表

种名	分布与危害	识别特征	生活史及习性
绿盲蝽	分布于全国各地，危害木槿、石榴、海棠、菊花、桃、和山茶等，成、若虫喜群集危害嫩叶、叶芽、花蕾	成虫体长约 5 mm，黄绿至浅绿色，前胸背板绿色，前缘有脊棱，足绿色，腿节膨大；若虫体长 3 mm 左右，鲜绿色；5 龄老熟若虫全体密布黑色细毛	1 年发生 4～5 代，以卵越冬；翌年 4 月中旬为孵化盛期，成虫活跃善飞，有趋光性；成虫、若虫喜多雨潮湿环境
杜鹃冠网蝽	分布于辽宁、浙江、江西、福建、广东、广西和台湾等省（自治区），是杜鹃花的主要害虫	成虫体小而扁平，前胸背板、头部和前翅布满网状纹；老熟若虫体扁平，体暗褐色，复眼发达，红色	广州 1 年发生 10 代，以成虫和若虫越冬；若虫群集性强

7. 蓟马类

蓟马类属于缨翅目，缨翅目昆虫通称蓟马。

蓟马科触角 6～8 节，末端 1～2 节形成端刺，前翅有 2 条纵脉；雌虫产卵器锯齿状，侧观尖端向下弯曲。管蓟马科触角 4～8 节；腹部末节管状，生有较长的刺毛，无产卵器；前翅无翅脉。常见种类有花蓟马（图 3-3-4）和榕管蓟马，详见表 3-3-7，彩图 31。

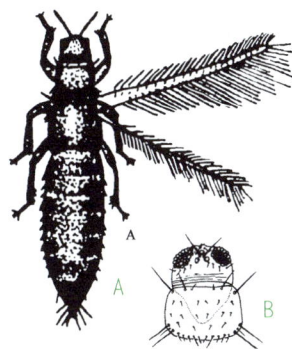

图 3-3-4　花蓟马
A．成虫　B．头部及前胸背板

表 3-3-7　常见蓟马类害虫危害与识别

种名	分布与危害	识别特征	生活史及习性
花蓟马	全国各地均有分布，危害剑兰、香石竹、唐菖蒲、菊花、美人蕉、木槿、玫瑰、石蒜、紫薇、合欢、九里香、月季、夜来香和茉莉等花木	雌成虫赭黄色，触角 8 节，较粗壮，头部短于前胸，头顶前缘仅中央略突出；各单眼内缘有橙红色月晕，单眼间鬃位于单眼三角形连线上	1 年发生 11～14 代，以成虫越冬；5 月中、下旬至 6 月危害严重
榕管蓟马	分布于广东、福建等地，危害榕树、杜鹃花、人面子、龙船花等	体黑褐色，触角 8 节，前胸背板后缘角有 1 条长鬃；前翅透明，翅中部不收窄，前后翅翅缘呈平行状，间插缨 15 条，前缘基部有 3 条前缘鬃；腹部末端管状	该虫在广州几乎常年可见，成虫、若虫均危害嫩叶和幼芽，形成饺子状虫瘿，严重影响寄主的生长和观赏。

二、园林吸汁害虫的防治方法

1．加强植物检疫

对调运苗木一定要认真履行植物检疫手续，防止蚜、蚧等害虫随苗木调运而传播。

2．加强园林栽培技术措施

改善植株的生态环境，创造不利于害虫发生的条件，提高植株自然抗虫性。如实行轮作，合理施肥，清洁花圃，合理确定植株种植密度，合理疏枝，改善通风、透光条件。

3．物理防治

（1）在介壳虫、蚜虫少量发生时，可用软刷、毛笔轻轻清除，或用布团蘸煤油抹杀。冬季或早春，结合修剪，剪去部分有虫枝，集中烧毁，以减少越冬虫口基数。

（2）利用黄色并涂有胶液的纸板或塑料板，诱杀有翅蚜虫；或采用银白色锡纸反光，拒栖迁飞的蚜虫。

（3）烟草末 40 g 加水 1 kg，浸泡 48 h 后过滤制得原液。使用时加水 1 kg 稀释，另加洗衣粉 2～3 g 或肥皂液少许，搅匀后喷洒植株，有很好的效果。

4．生物防治

吸汁害虫的天敌众多，应保护和利用天敌资源。在园林绿地中种植蜜源植物，天敌较多的季节，不使用药剂或尽可能不使用广谱性杀虫剂，天敌较少时进行人工助迁或人工饲养繁殖，发挥天敌的自然控制作用。

5．化学防治

尽量少用广谱触杀剂，选用对天敌杀伤较小的、内吸和传导作用大的药物：

（1）虫口密度大时，可喷施 10% 吡虫啉可湿性粉剂 1 500～2 000 倍液、40%毒死蜱乳油 1 000 倍液、20% 杀灭菊酯乳油 2 000 倍液、鱼藤精 1 000～2 000 倍液、50% 抗蚜威可湿性粉剂 4 000 倍液、波美度 3°～5° 的石硫合剂或 25% 杀虫净乳油 400～600 倍液。每隔 7～10 天喷 1 次，共喷 2～3 次，喷药时要求均匀周到。

（2）根部埋施涕灭威、克百威颗粒剂。

（3）用 10% 吡虫啉乳油 50 ～ 100 倍液进行涂茎。

（4）用 10% 吡虫啉乳油 5 ～ 10 倍液打孔注药。

能力培养

当地（公园、苗圃等）园林植物吸汁害虫的防治

1. 训练准备

以小组为单位进行吸汁害虫防治。准备喷雾器、高压注射器、电工刀、铁锹、天平、量筒、刷子、枝剪、镊子、放大镜、黄色胶液纸板、银白色锡纸、黄泥、10% 吡虫啉乳油、克百威颗粒剂等工具和材料。

课前查询当地园林植物害虫的调查资料、害虫种类与分布情况。

2. 具体操作

见表 3-3-8。

表 3-3-8 当地园林植物的吸汁害虫防治

工作环节	操作规程	操作要求
确定防治对象	通过踏查确定苗圃或公园内的吸汁害虫种类及分布，危害的植物种类，危害部位	（1）安全第一，细心操作 （2）蚜虫、介壳虫等体型较小的昆虫，野外观察时要借助放大镜；采集时要注意标本完整
确定防治地点和面积	确定作业地点，详细测量被害植物的面积	用测绳，皮尺或 GPS 测量防治面积

续表

工作环节	操作规程	操作要求
查阅生活史及设计防治方案	根据防治对象的生活习性及当地实际设计合适的防治方案：①用黄色板，诱杀有翅蚜虫；或挂银白色锡纸拒栖迁飞的蚜虫；②埋施颗粒剂防治蚜、蚧、蓟马等；③用吡虫啉涂被害植物茎部；④用吡虫啉在被害植物树干打孔注药；⑤直接喷施药剂。	对防治对象的生活史应作详细的记录，熟悉防治技术规程
组织实施	各小组根据防治设计方案，将任务落实到每个组员，各小组按要求进行防治： 　　（1）在圃地挂黄色板，诱杀有翅蚜虫；或挂银白色锡纸反光，拒栖迁飞的蚜虫 　　（2）选用涕灭威、克百威颗粒剂埋入土壤中，防治蚜、蚧等；埋药时，药剂入土深 5 cm，盆栽花每盆 5 g 左右 　　（3）吡虫啉涂茎：涂茎时，可用 10 % 吡虫啉乳油 50 ～ 100 倍液，幼树涂药 2 ～ 3 mL，大树约 5 mL 　　（4）吡虫啉打孔注药：打孔注药时可在树干基部用高压注射器斜向下注入 10% 吡虫啉乳油 5 ～ 10 倍液，每棵 0.5 ～ 3 mL，再用黄泥堵住注射孔 　　（5）喷施 10 % 吡虫啉可湿性粉剂 1 500 ～ 2 000 倍液（根据实际选用）	（1）埋药时必须选择安全区域，不能在水源附近或人畜活动的地方 　　（2）做好防护措施，戴上口罩和手套等防护用具 　　（3）喷雾要均匀周到；操作者始终站在上风头，顺风喷；注意提醒闲杂人员离开喷药区域；操作完毕后要清洗工具，洗手洗脸洗外衣
检查验收与效果评价	防治结束后详细统计活虫数量与死虫数量，写出防治报告，将资料归档	根据数据进行分析，并提出改进措施

随堂练习

1. 说出所采集害虫所属的目、科。

2. 指出所采集危害状是由哪种害虫造成的。

3. 防治常见吸汁害虫可以采取哪些措施？

任务 3.4　钻蛀性害虫识别及防治

任务目标

知识目标：

1. 了解钻蛀性害虫的危害特点。
2. 了解钻蛀性害虫的类型。
3. 掌握钻蛀性害虫的鉴别。
4. 掌握钻蛀性害虫的防治方法。

技能目标： 能掌握天牛、小蠹虫、吉丁虫、象甲、木蠹蛾、透翅蛾、螟蛾、瘿蜂和姬小蜂等钻蛀性害虫的防治技术。

知识学习

一、钻蛀性害虫的危害特点和常见类群鉴别

园林植物钻蛀性害虫主要包括鞘翅目的天牛、小蠹虫、吉丁虫、象甲，鳞翅目的木蠹蛾、透翅蛾、螟蛾，膜翅目的瘿蜂和姬小蜂等。多数钻蛀性害虫为"次期性害虫"，危害长势衰弱或濒临死亡的树木，以幼虫钻蛀树干。

钻蛀性害虫的危害特点是：①生活隐蔽：除成虫期营裸露生活外，其他各虫态均在韧皮部、木质部营隐蔽生活；②虫口稳定：钻蛀性害虫大多生活在植物组织内部，受环境条件影响小，天敌少，虫口密度相对稳定；③危害严重：钻蛀性害虫蛀食韧皮部、木质部等，影响输导系统传递养分、水分，导致树势衰弱或死亡。

1. 天牛类

天牛属于鞘翅目天牛科，体长圆筒形，触角至少超过体长的一半，复眼环绕

触角基部,呈肾形。主要种类有星天牛（图 3-4-1）、光肩星天牛、桑天牛（图 3-4-2）、双条杉天牛（图 3-4-3）、云斑白条天牛（图 3-4-4）、青杨脊虎天牛（图 3-4-5）和松褐天牛（图 3-4-6）等，详见表 3-4-1。

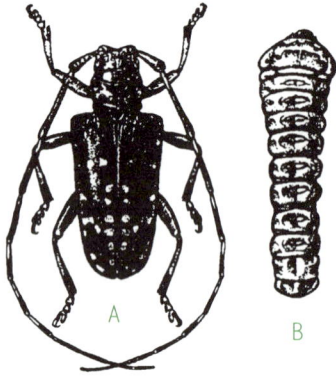

图 3-4-1　星天牛
A. 成虫　B. 幼虫

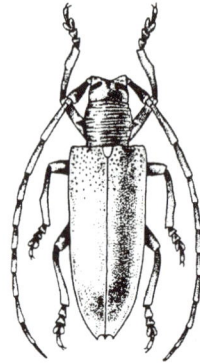

图 3-4-2　桑天牛

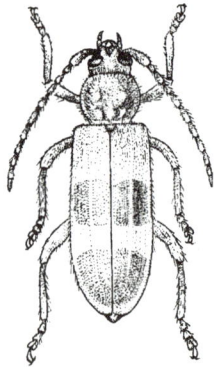

图 3-4-3　双条杉天牛

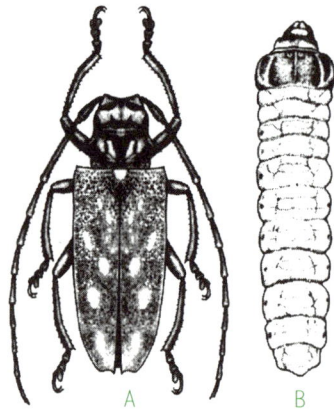

图 3-4-4　云斑白条天牛
A. 成虫　B. 幼虫

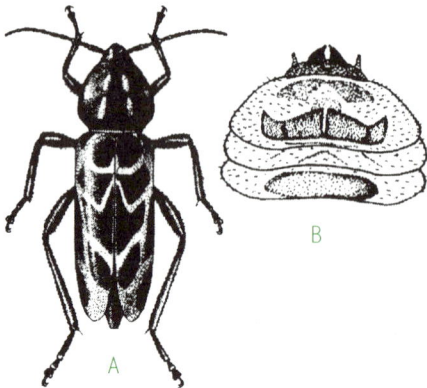

图 3-4-5　青杨脊虎天牛
A. 成虫　B. 幼虫胸部背面

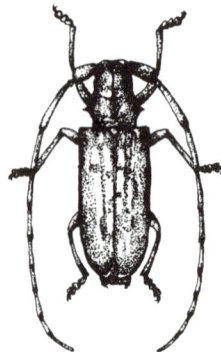

图 3-4-6　松褐天牛

表 3-4-1　主要天牛类的危害与识别

种名	分布与危害	鉴别特征	生活史及习性
星天牛	分布很广,危害杨、柳、榆、刺槐、乌桕和柑橘等	成虫体黑色有光泽,触角各节有淡蓝色的毛环,鞘翅上有大小不规则的白斑,鞘翅基部有黑色颗粒;老熟幼虫头部褐色,前胸背板黄褐色,有"凸"字斑	星天牛南方1年发生1代,北方2～3年1代,以幼虫在被害枝干内越冬,成虫5—7月羽化飞出;成虫咬食枝条、嫩皮补充营养;产卵时先咬一"T"形或"八"字形刻槽,卵多产于树干基部和主侧枝下部
光肩星天牛	分布于辽宁、河北、山东、河南、湖北、江苏、浙江、福建、安徽、陕西、山西、甘肃、四川、广西,危害杨、柳、糖槭、元宝枫、榆、七叶树、悬铃木等	光肩星天牛与星天牛形态相似,主要区别在于鞘翅基部无黑色颗粒	1～2年发生1代;越冬的老熟幼虫4月底5月初开始在坑道上部作蛹室,6月为化蛹盛期,成虫羽化盛期为6月中旬至7月上旬;成虫补充营养2～5 d后交尾、产卵;2年1代的幼虫于10—11月越冬,9—10月产的卵一直到第2年才孵化
桑天牛	我国南北各地均有发生,主要危害桑、杨、柳、榆、枫杨、油桐、山核桃、柑橘、海棠、樱花和无花果等	成虫体和鞘翅都为黑色,密被黄褐色绒毛,前胸背板有横行皱纹,两侧中央各有一刺状突起,鞘翅基部密布黑色光亮的瘤状颗粒;幼虫前胸背板后半部密生棕色颗粒小点,背板中央有3对尖叶状纹	广东、海南1年发生1代,华东、河北2～3年1代,以幼虫在枝、干内越冬;在河北,幼虫老熟后,在6月初开始化蛹,6月中下旬化蛹最盛,7月底结束;成虫出现期始于6月底,成虫产卵期在7月上旬至9月上旬
双条杉天牛	我国发生普遍,以幼虫危害侧柏、桧柏、龙柏、罗汉松和杉木等	成虫体长为10 mm左右,扁圆筒形,前胸背板有5个光滑的小瘤突,鞘翅黑褐色,有两条棕黄色横带;幼虫前胸背板上有1个"小"字形凹陷及4块黄褐色斑纹	该虫1年发生1代,以成虫在树干蛹室内越冬,翌年3月上旬成虫将卵产于树皮裂缝或伤疤处;3月下旬幼虫开始危害,6月上旬开始蛀食木质部,8月下旬开始在边材处做蛹室,并陆续化蛹;9—10月成虫羽化,羽化后的成虫在原蛹室内越冬
云斑白条天牛	分布于华东、华中、华南、西南(除西藏外)等地,主要危害杨、核桃、桑、柳、榆、泡桐、女贞、悬铃木等	体黑褐色至黑色,密被灰白色和灰褐色绒毛,前胸背板中央有1对白色或浅黄色肾形斑,小盾片被白毛,鞘翅上具不规则的白色或浅黄色绒毛组成的云片状斑纹;幼虫前胸背板淡棕色,略呈方形	2～3年发生1代,以幼虫和成虫在树干内越冬;越冬成虫翌年4月中旬开始飞出,5月成虫大量出现

续表

种名	分布与危害	鉴别特征	生活史及习性
青杨脊虎天牛	分布于东北、内蒙古、上海等地，主要危害杨属、柳属、桦木属、栎属、山毛榉属、椴树属、榆属等；在 2004 年、2013 年均被列入全国林业检疫性有害生物名单	成虫体黑色，额具 2 条纵脊，略呈倒 "V" 字形，额至后头有 2 条平行的黄绒毛组成的纵纹，前胸背板具 2 条不完整的淡黄色斑纹，鞘翅密布细刻点，具淡黄色细波纹 3 ~ 4 条；幼虫黄白色，前胸背板上有黄褐色斑纹	在沈阳 1 年发生 1 代，以老龄幼虫在树干、树枝的木质部深处蛀道内越冬，翌年 4 月上旬越冬幼虫开始活动，继续钻蛀危害，4 月下旬开始化蛹，5 月下旬羽化；成虫羽化后即可在树干、树枝交尾、产卵
松褐天牛	分布于江苏、浙江、广东、广西、福建和台湾等，主要危害马尾松及其他松属等；此虫还是松材线虫的重要传播媒介	成虫橙黄色至赤褐色。前胸多皱纹，背板上有 2 条宽阔的橙黄色纵纹，与 3 条黑色纵纹相间，每一鞘翅具 5 条纵纹；幼虫乳白色，前胸背板褐色，中央有波状横纹	1 年发生 1 代，以老熟幼虫在木质部坑道内越冬；翌年 4 月中旬成虫羽化，5 月为成虫活动盛期

2. 小蠹虫类

小蠹虫属于鞘翅目小蠹科，体长 0.8 ~ 9 mm，圆筒形，色暗。触角短而呈锤状。头后部为前胸背板所覆盖。前胸背板大，常长于体长的 1/3，且与鞘翅等宽。幼虫无足型。成虫和幼虫蛀食树皮和木质部，构成各种图案的坑道系统。种类不同，钻蛀坑道的形状也不同。主要种类有红脂大小蠹（图 3-4-7）、松纵坑切梢小蠹（图 3-4-8）和柏肤小蠹（图 3-4-9）等，详见表 3-4-2。

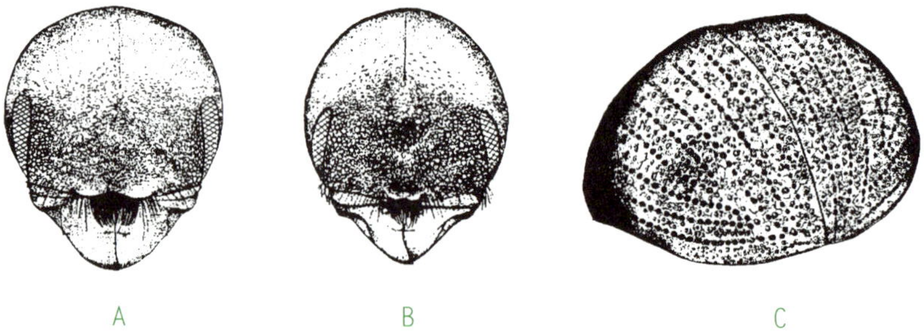

A　　　　　　　B　　　　　　　C

图 3-4-7　红脂大小蠹
A. 雄虫头部　B. 雌虫头部　C. 雌虫鞘翅斜面

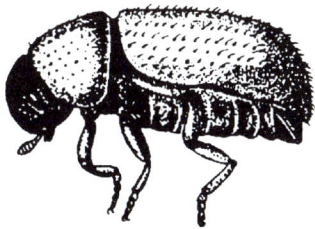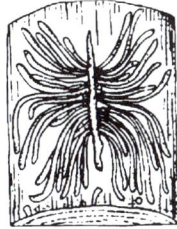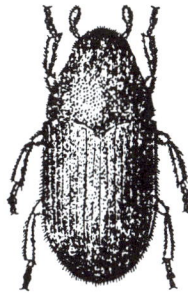

图 3-4-8　松纵坑切梢小蠹　　　　图 3-4-9　柏肤小蠹
　　A. 成虫　B. 坑道　　　　　　　A. 成虫　B. 坑道

表 3-4-2　常见小蠹虫类的危害与识别

种名	分布与危害	鉴别特征	生活史及习性
红脂大小蠹	分布于河北、山西、河南、陕西，主要危害油松、白皮松等；以成虫或幼虫取食韧皮部、形成层	成虫体长 5.3 ~ 9.6 mm，红褐色，额面有不规则突起，其中有 3 个高点，排成"品"字形；额面上有黄色绒毛，由额心外倾；口上突边缘隆起，表面光滑有光泽；前胸背板上密被黄色绒毛；鞘翅斜面中度倾斜、隆起 幼虫白色，腹部末端有胴痣，上下各具 1 列刺钩，呈棕褐色；虫体两侧有 1 列肉瘤，肉瘤中心有 1 根刚毛，呈红褐色	该虫一般 1 年发生 1 代。以成虫和幼虫及少量蛹在树干基部或根部的皮层内越冬；越冬成虫于 4 月下旬开始出孔，5 月中旬为盛期；成虫于 5 月中旬开始产卵；幼虫始见于 5 月下旬，7 月下旬为化蛹始期，8 月上旬成虫开始羽化；成虫补充营养后，即进入越冬阶段
松纵坑切梢小蠹	分布广，我国南、北方松林均有分布，主要危害马尾松、华山松、油松、赤松和樟子松等松类	成虫体黑褐色或黑色，并密布刻点和灰黄色绒毛，前胸背板近梯形，上具清晰刻点和棕色细绒毛，前翅基部具锯齿；前翅上点刻沟由大面积清晰的刻点组成，排列整齐，列间显著宽于刻点沟，上面具有小而尖的瘤起和竖起的绒毛；前翅斜面上，第 2 列中间的瘤起和绒毛消失，光滑稍下凹	1 年发生 1 代，以成虫在枝梢内越冬，或在被害木干基周围土内越冬；在辽宁、山东越冬成虫于 3 月下旬至 4 月中旬出蛰，飞至新梢上补充营养，然后再侵入衰弱木、风倒木、风折木等；成虫先咬侵入孔，交尾后再咬蛀与树干平行的母坑道，并将卵产在坑道两侧
柏肤小蠹	分布于山东、江西、河北、甘肃、四川、河南、陕西、台湾等省，主要危害侧柏、桧柏、柳杉等	成虫体长 2.1 ~ 3.0 mm，赤褐或黑褐色，无光泽，鞘翅上各有 9 条纵纹，鞘翅斜面具凹面；雄虫鞘翅斜面有栉齿状突起	在山东泰安 1 年发生 1 代，以成虫在柏树枝梢越冬，翌年 3—4 月份陆续飞出，寻找树势弱的侧柏、桧柏蛀圆形孔侵入皮下，交尾后产卵；4 月中旬出现初孵幼虫；5 月中下旬幼虫老熟化蛹；6 月中、下旬为成虫羽化盛期

3. 象甲类

象甲属于鞘翅目象甲科，亦称象鼻虫，小至大型。头部前方延长成象鼻状突起，触角膝状。幼虫无足型。成虫和幼虫均为植食性。常见种类有红棕象甲（彩图32）、杨干象（图3-4-10）、萧氏松茎象（图3-4-11）、竹象（图3-4-12）等，详见表3-4-3。

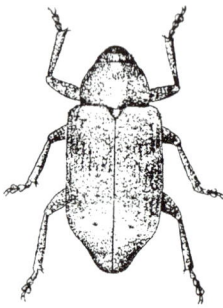

图3-4-10　杨干象

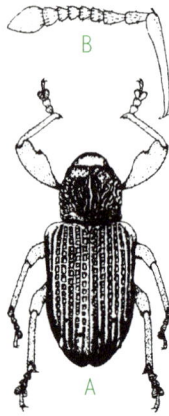

图3-4-11　萧氏松茎象
A.成虫　B.触角

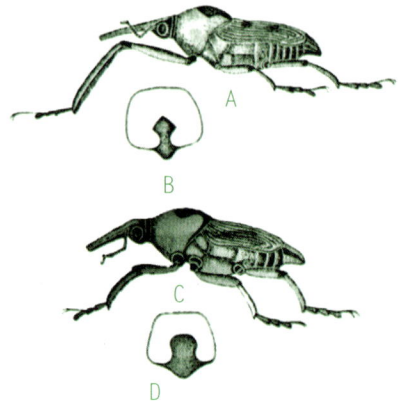

图3-4-12　竹象
A.竹横锥大象　B.前胸背板
C.竹直锥大象　D.前胸背板

表3-4-3　常见象甲类的危害与识别

种名	分布与危害	鉴别特征	生活史及习性
红棕象甲（锈色棕榈象）	分布于海南、广东、广西、云南、福建、贵州、上海、浙江等地，危害椰子、油棕、加那利海枣等棕榈科植物	成虫体红褐色，背上有6个小黑斑，排列两行，前排3个，两侧的较小，中间的一个较大，后排3个较大；鞘翅较腹部短，腹末外露	1年发生2～3代，世代重叠；1年中成虫出现较集中时期为5月和11月；幼虫孵出后随即钻入树干内，严重时可使树干成为空壳，造成植株死亡
杨干象	分布于东北及陕西、甘肃、新疆、河北、山西、内蒙古，主要危害杨、柳、桤木和桦树等	成虫体长椭圆形，黑褐色，喙、触角及跗节赤褐色，触角9节，膝状，全体密被灰褐色鳞片，其间散生白色鳞片（图3-4-10）；老熟幼虫头黄黄色，前缘中央有2对刚毛，侧缘有3个粗刚毛，背面有3对刺毛	在辽宁省1年发生1代，以卵和初孵幼虫在枝干韧皮部内越冬，翌年4月中旬幼虫开始活动，越冬卵也相继孵化；初孵幼虫先取食韧皮部，后逐渐深入韧皮部与木质部之间环绕树干蛀食；5月下旬在蛀道末端筑室化蛹；成虫6月中旬开始羽化

续表

种名	分布与危害	鉴别特征	生活史及习性
萧氏松茎象	分布于江西、广西、湖南、湖北、贵州、福建、广东、云南，危害湿地松、火炬松、马尾松、华山松、黄山松等松属树木	成虫暗黑色，前胸背板被赭色毛状鳞片，长等于宽，两侧圆，背面中部具有纵向交会的大刻点，刻点间光滑并且较凸，小盾片明显，密被黄白色毛状鳞片，鞘翅上的毛状鳞片形成 2 行斑点；幼虫头棕黄色，前胸背板有浅黄色斑纹，全身具突起，尤以气门处突起较大，每突起一般有细刚毛 1 根	2 年发生 1 代，以大龄幼虫在蛀道、成虫在蛹室或土中蛰伏越冬；成虫越冬后于翌年 3 月中旬出蛰活动，4 月下旬开始产卵；5 月上旬幼虫开始孵化蛀食，12 月上旬停止取食进入越冬；越冬幼虫翌年 3 月中旬活动取食，8 月中旬幼虫陆续化蛹；9 月中旬成虫开始羽化，羽化后多数在蛹室、少部分出孔进入土中越冬
竹象（包括竹横锥大象和竹直锥大象）	分布于四川、重庆、贵州、广东和广西等地，主要危害慈竹、青皮竹等丛生竹笋	竹横锥大象成虫前胸背板圆形隆起，后缘中央有一箭头状黑斑，鞘翅外缘圆，臀角有尖刺 1 个，鞘翅上有 9 条纵沟；幼虫前胸背板上有 1 个黄色斑，斑上有"8"字形黑褐色斑纹	竹象 1 年发生 1 代，以成虫在土中的蛹室内越冬；翌年 6 月中旬成虫出土，8 月为出土盛期；有假死性；幼虫危害期在 6 月下旬至 10 月中旬；7 月底始见成虫羽化，可延至 11 月上旬，11 月以成虫越冬
		竹直锥大象成虫前胸背板后缘中央有一个黑斑，鞘翅外缘不圆，成截状，臀角钝圆，无尖刺，两翅合并时，中间凹陷；幼虫前胸背板上有 1 个黄色大斑，斑上无褐色"8"字纹	

4. 吉丁虫类

吉丁虫属于鞘翅目吉丁虫科，体小至大型。触角锯齿状。前胸与鞘翅相接处不凹下，前胸腹面有尖形突，与中胸密接，不能弹跳。幼虫大多数在树皮下、枝干或根内钻蛀。危害园林树木的吉丁虫，主要有金缘吉丁虫（图 3-4-13）、日本松脊吉丁虫（图 3-4-14）等，详见表 3-4-4。

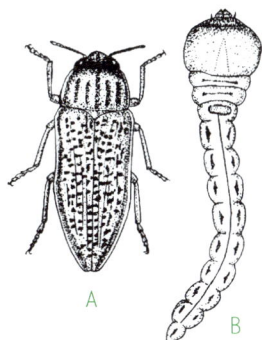

图 3-4-13 金缘吉丁虫
A. 成虫 B. 幼虫

图 3-4-14 日本松脊吉丁虫

表 3-4-4 常见吉丁虫类的危害与识别

种名	分布与危害	鉴别特征	生活史及习性
金缘吉丁虫	分布于长江流域、黄河故道、山西、河北、陕西、甘肃和江西等地。危害梨、海棠、花红等	成虫体绿色，有金属光泽，鞘翅上有几条明显蓝黑色、断续的纵纹，前胸背板有5条蓝黑色纵纹，中间1条明显；幼虫前胸显著宽大，背板黄褐色，中间具"人"字凹纹	1年1代或2年1代，以幼虫越冬；3月下旬开始化蛹，4月下旬成虫开始羽化；5月中下旬为产卵盛期，6月初为孵化盛期
日本松脊吉丁虫	分布于四川、湖南、广西、福建、湖北、湖南、广东、北京、江西和台湾等地。危害松、杉木等	成虫黄褐色，有金属光泽，鞘翅上有几条黑色断续的纵纹；前胸背板有5条纵纹，中间1条灰白色，较粗，两侧各有2条纵纹，为黑色，但其中左右第2条纵纹较第1条粗黑	1年发生1代，在江西南昌4月中旬到5月下旬成虫开始活动，广西桂林6月、浙江杭州8月开始活动

5. 木蠹蛾类

木蠹蛾属于鳞翅目木蠹蛾科，体肥大，翅面常有黑色横纹，喙退化，腹部长，超过后翅很多。幼虫粗壮，多为红色或黄白色，以丝和木屑结茧化蛹。以幼虫蛀害树干和枝梢。常见种类有芳香木蠹蛾（图 3-4-15）东方亚种、咖啡木蠹蛾和榆木蠹蛾等。

芳香木蠹蛾东方亚种分布于东北、华北、西北、华东、华中和西南。寄主有柳、杨、榆、桦、白蜡、槐树、丁香、核桃和山荆子等。

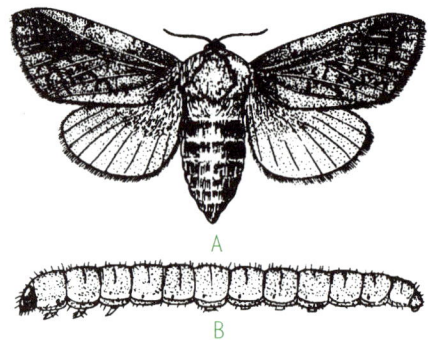

图 3-4-15 芳香木蠹蛾东方亚种
A. 成虫 B. 幼虫

成虫灰褐色，体长 24 ~ 37 mm。雌虫头部前方淡黄色，雄虫头部色稍暗。触角栉齿状。胸腹部粗壮，灰褐色。前翅散布许多黑褐色横纹。老熟幼虫体长 56 ~ 70 mm，背部与腹节间为淡紫红色。前胸背板有较大的凸字形黑斑。

辽宁、北京2年发生1代，跨3年。第1年以幼虫在树干内越冬，第2年老熟后离树干入土越冬，第3年5月间化蛹，6月出现成虫。幼虫孵化后，常群集在树干粗枝上或根际爬行，寻找被害孔、伤口和树皮裂缝等处相继蛀入树体，先取食韧皮部和边材。

6. 蝙蝠蛾类

蝙蝠蛾属于鳞翅目蝙蝠蛾科，体中型。粗壮多毛，多杂色斑纹。口器退化,触角丝状,前翅狭长,后翅短小，前后翅脉序相同。因飞行状类似蝙蝠而得名。代表种类有柳蝙蛾（图3-4-16）。

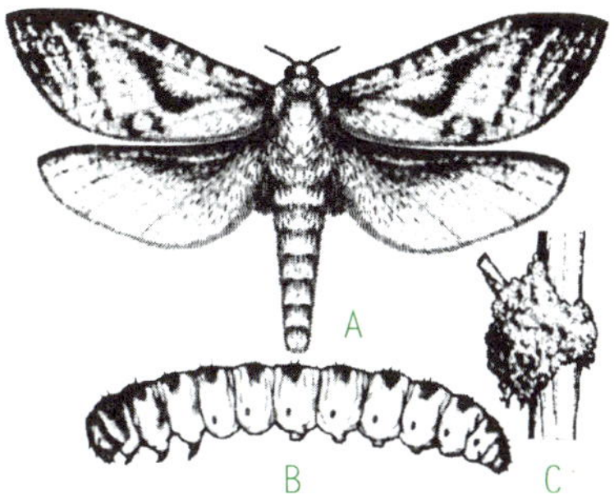

柳蝙蛾分布于黑龙江、吉林、辽宁、河南、湖南、浙江、安徽等地，危害百合、大丽花、丁香、连翘、银杏、白蜡、杨、柳、榆、糖槭等。幼虫危害枝条，致受害枝条生长衰弱，易遭风折，受害重时枝条枯死。

图 3-4-16 柳蝙蛾
A. 成虫 B. 幼虫 C. 危害状

成虫体长 32 ～ 36 mm，体色多为茶褐色，前翅前缘有 7 个半环形斑纹，翅中央有 1 个深褐色微暗绿的三角形大斑,其外侧有 2 条褐色宽斜带。幼虫头部褐色，体乳白色，各节均有黄褐色瘤状突似毛片。

一般 1 年发生 1 代,以卵在地上或以幼虫在枝干髓部越冬,翌年 5 月开始孵化，6 月中旬在林果或杂草茎中危害。8 月上旬开始化蛹。8 月下旬羽化为成虫，9 月进入盛期，成虫昼伏夜出。初孵幼虫先取食杂草，后蛀入茎内危害，6—7 月转移到附近木本寄主上，蛀食枝干。

7. 透翅蛾类

透翅蛾属于鳞翅目透翅蛾科，小至中型。翅狭长,大部分透明，外形似蜂类，触角棍棒状。代表种类有白杨透翅蛾（图3-4-17）等。

白杨透翅蛾分布于东北、华北、西北和华东等地，危害杨柳科植物。以幼虫钻蛀树干和顶芽，抑制顶芽生长。

成虫体青黑色，形似胡蜂。头顶有 1 束黄褐色毛簇，其余密布黄白色鳞片。前翅窄长，覆盖赭色鳞片,后翅全部透明。

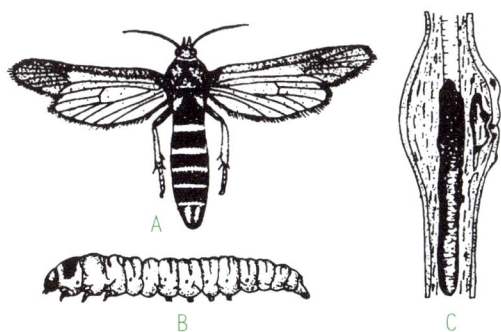

图 3-4-17 白杨透翅蛾
A. 成虫 B. 幼虫 C. 危害状

腹部青黑色，上有 5 条橙色环带。幼虫体长 30 ～ 33 mm，背面有 2 个深褐色的刺，略向背上前方钩起。

1年发生1代，以幼虫在被害枝干内越冬。翌年4月开始活动取食，5月上、中旬开始化蛹，6月初开始羽化成虫，羽化时蛹皮有2/3伸出孔外，并遗留在孔外经久不掉，极易识别。成虫飞翔力很强，且极为迅速，白天活动，交尾产卵，夜晚静止于枝叶上不动。

8. 螟蛾类

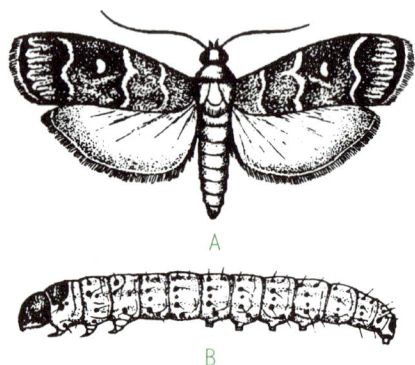

图3-4-18 松梢螟
A. 成虫 B. 幼虫

螟蛾类属于鳞翅目螟蛾科，小至中型，体瘦长。触角丝状。前翅狭长，后翅较宽。幼虫体无次生毛，趾钩多为双序缺环。代表种有松梢螟。

松梢螟（图3-4-18）又名微红梢斑螟，分布于黑龙江、吉林、辽宁、北京、内蒙古、陕西、甘肃、河北、河南、山东、江苏、安徽等地。幼虫危害松树的主梢和侧梢。

成虫体灰褐色。触角丝状。前翅灰褐色，有3条灰白色波状横纹，中室有1个灰白色肾形斑，后缘近内横线内侧有1个黄斑，外缘黑色。后翅灰白色。老熟幼虫体淡褐色，少数淡绿色。头部及胸背板褐色，中、后胸及腹部各节有4对褐色毛片，上生短刚毛，中胸及第8腹节背面有褐色毛片，中部透明。

此虫在吉林1年发生1代，辽宁、北京、河南1年2代，长江流域1年2～3代，以幼虫在被害枯梢内越冬。次年4月初幼虫开始活动，5月中旬开始化蛹，6月上中旬羽化成虫。

9. 辉蛾类

辉蛾类属于鳞翅目辉蛾科，是我国新记录的小蛾类。体扁平。触角丝状，纤细。翅披针形，平覆体背；前翅的脉有些退化，后翅的缘毛极长。足基节扁宽紧贴体下，后足胫节多长毛束。代表种类是由国外传入的蔗扁蛾。

蔗扁蛾（图3-4-19）是巴西木的一种世界性重要害虫。南方各省均有发生，近年迅速向北方蔓延，在北京地区有时被害率高达80%以上。主要危害巴西木、鹅掌柴、棕竹、一品红、鹤望兰、袖珍椰子、凤梨和百合等近50种观赏植物。

成虫黄褐色，体长 7.5 ～ 9 mm，前翅披针形，深褐色，中室端部上方及后缘 1/2 处各有 1 个黑斑点，后足胫节具长毛。幼虫乳黄色，近透明，老熟幼虫体长约 30 mm。

北京地区 1 年发生 3 ～ 4 代，以幼虫在温室盆栽花卉根部附近土壤中越冬。次年春天幼虫上树蛀干危害，3 年以上巴西木段受害重，幼虫在皮层内上、下、左、

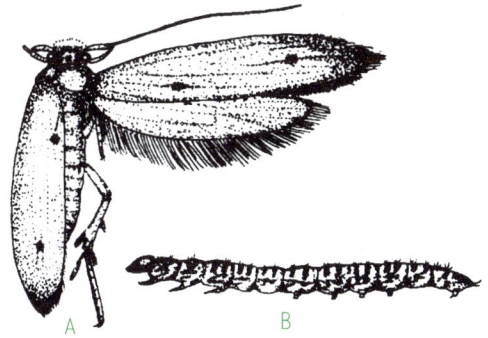

图 3-4-19　蔗扁蛾
A. 成虫　B. 幼虫

右蛀食，可将皮层及部分木质部蛀空，仅剩外表皮，皮下充满粪屑，表皮上咬有排粪通气孔，排出粪屑。生长季节幼虫常在树干顶部或树干表皮化蛹，羽化后蛹壳仍矗立其上，极易识别。

二、园林钻蛀性害虫的防治方法

1. 加强检疫
严禁调入、调出带虫苗木，防止其传播蔓延。

2. 适地适树，适地适花
应采取以预防为主的综合治理措施，加强管理，增强树势。除古树名木外，伐除受害严重的虫源树，合理修剪，及时清除园内枯立木、风折木等。

3. 人工防治
（1）人工捕杀成虫
（2）消灭越冬幼虫。可结合修剪将受害严重且藏有幼虫的枝蔓剪除，用铁丝钩杀幼虫，或用解剖刀等将虫瘿剖开，杀死幼虫。

4. 灯光诱杀
对于有趋光性的种类可以用诱虫灯诱杀成虫。

5. 饵木诱杀

对公园及其他风景区古树名木上的天牛、小蠹虫，可采用饵木诱杀，以减少虫口密度。

6. 诱捕法

将人工合成的信息素或化学引诱物质设置在特定的诱捕器内进行诱杀，以迅速降低种群虫口密度。

7. 药剂防治

在幼虫危害期，先用镊子或嫁接刀将有新鲜虫粪排出的排粪孔清理干净，然后塞入萘毒签，并用黏泥堵死其他排粪孔，或用注射器注射 80% 敌敌畏乳油或 50% 杀螟硫磷乳油 50 倍液。在幼虫初孵期用 40% 乐果 50 倍液，或 25% 阿克泰 3 000 倍液涂刷枝干，毒杀幼虫和卵。在成虫羽化前喷 2.5% 溴氰菊酯触破式微胶囊，或 10% 吡虫啉 1 000 倍液毒杀成虫。

8. 保护利用天敌

如利用寄生蜂、寄生蝇、线虫、螨类、捕食性昆虫和鸟类等天敌防治天牛、小蠹虫等害虫。

能力培养

当地（公园、苗圃等）园林植物钻蛀性害虫的防治

1. 训练准备

以小组为单位进行钻蛀害虫防治。准备诱捕器、电工刀、钳子、铁丝、钉子、磷化铝片、黄泥、80% 敌敌畏乳油、2.5% 溴氰菊酯触破式微胶囊制剂等工具和材料。

课前查阅当地园林植物害虫的调查资料、害虫种类与分布情况。

2．具体操作

见表 3-4-5。

表 3-4-5　当地园林植物的钻蛀性害虫防治

工作环节	操作规程	操作要求
确定防治对象	通过调查确定苗圃或公园内的钻蛀性害虫种类及分布、危害的植物种类、危害部位	（1）使用电工刀等工具对受害部位进行解剖，确定害虫的危害情况 （2）谨慎操作，注意安全
确定防治地点和面积	确定作业的地点，详细测量被害植物的面积	通过查阅地形图计算防治面积，或用 GPS 测量防治面积
查阅生活史及防治技术	查阅相关的参考资料，确定防治对象的生活习性、防治技术 根据防治面积选以下防治技术：①挂诱捕器诱杀相应种类的成虫；②磷化铝片剂熏蒸防治；③虫孔注射80% 敌敌畏乳油；④树干喷 2.5% 溴氰菊酯触破式微胶囊制剂	对防治对象的生活史应作详细的记录，并熟悉防治技术规程
组织实施	各小组根据防治设计方案分解任务，落实到每个人： （1）诱捕器的使用：按不同类型的诱捕器使用说明书组装好诱捕器，用铁丝固定在枝杈上或固定在支架上，将诱芯悬挂于诱捕器上合适的位置，定期检查诱到的害虫数量 （2）磷化铝熏蒸防治：选择有钻蛀害虫危害的树木，找到侵入孔，将每片 0.1 g 或 0.3 g 的磷化铝小颗粒塞入虫孔，用黄泥封口 （3）虫孔注射敌敌畏药液：选择有钻蛀害虫危害的树木，找到侵入孔，用80% 敌敌畏乳油配制 1～10 倍药液，用注射器向侵入孔注射 2～5 mL 敌敌畏药液，用黄泥封口 （4）树干喷溴氰菊酯触破式微胶囊制剂：在天牛等钻蛀性羽化前向树干喷 2.5% 溴氰菊酯触破式微胶囊制剂 400 倍液	（1）做好防护措施，戴上口罩、手套等防护用具 （2）小组成员密切配合，发挥团队精神 （3）使用喷雾器等工具时要小心操作，注意安全
检查验收与效果评价	按作业设计要求进行防治效果的检查与评价。 防治结束后统计活虫数量与死虫数量，对防治结果进行总结、分析，写出防治报告，将资料归档	根据统计数据进行分析，并提出改进措施

随堂练习

1. 简述诱捕器适合本地哪些害虫的防治应用。

2. 根据上述操作结果比较虫孔熏杀和虫孔注药防治钻蛀性害虫的效果。

3. 防治天牛、小蠹虫等钻蛀性害虫可以采取哪些措施?

任务 3.5　地下害虫识别及防治

任务目标

知识目标：

1. 了解地下害虫的危害特点。
2. 了解地下害虫的类型。
3. 掌握地下害虫的鉴别。
4. 掌握地下害虫的防治方法。

技能目标： 能掌握蛴螬、蝼蛄、地老虎、白蚁等地下害虫的防治技术。

知识学习

一、地下害虫的危害特点和常见类群鉴别

　　地下害虫又称根部害虫，在苗圃和一、二年生的园林植物中，常常危害幼苗、幼树根部或近地面部分。其特点有：①生活在土中，发生和危害隐蔽；②数量大，分布广，食性杂；③主要以咀嚼式口器危害种子、幼苗、根部等；④由于喜食发芽种子、咬断幼根幼茎或植株根皮，造成幼苗死亡，形成缺苗断垄，植株叶片枯黄等。

　　常见的地下害虫有鳞翅目的地老虎，鞘翅目的蛴螬，直翅目的蟋蟀、蝼蛄和等翅目的白蚁等。

1. 蝼蛄类

　　蝼蛄类属于直翅目蝼蛄科。前足为典型的开掘足。前翅短，后翅宽并纵卷。听器在前足胫节上。产卵器不外露。常见种类有华北蝼蛄和东方蝼蛄 2 种（图3-5-1），详见表 3-5-1。

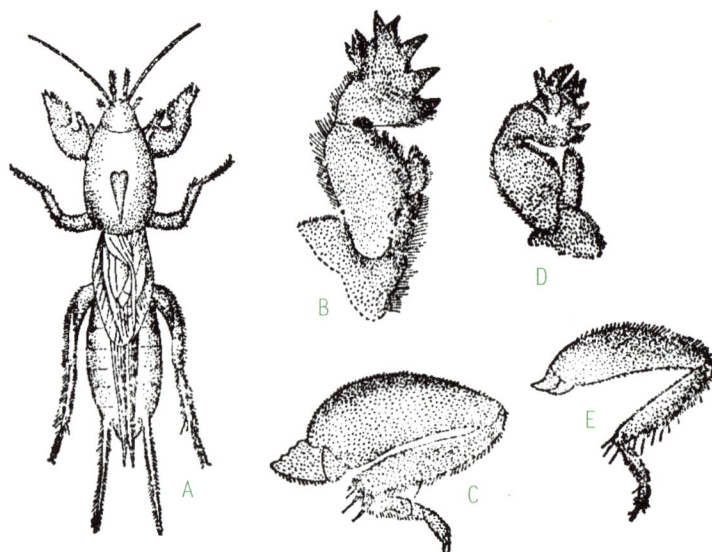

图 3-5-1　华北蝼蛄与东方蝼蛄的特征
A. 华北蝼蛄　B、C. 华北蝼蛄前足和后足　D、E. 东方蝼蛄前足和后足

表 3-5-1　华北蝼蛄与东方蝼蛄危害与识别

种名	分布与危害	鉴别特征	生活史及习性
华北蝼蛄	主要分布北方，食性很杂	体近圆筒形，胫节背侧内缘有棘 1 个或消失；若虫体黄褐，近圆筒形	3 年完成 1 代，于 11 月上旬以成虫及若虫越冬；越冬成虫翌年 3—4 月开始活动，6 月上旬开始产卵，卵多产在轻盐碱地，而黏土、壤土及重盐碱地较少
东方蝼蛄	分布几乎遍及全国，但以南方为多，食性很杂	体近纺锤形，有棘 3 ～ 4 个。若虫体灰黑，近纺锤形。	东方蝼蛄在南方 1 年发生 1 代，在北方 2 年 1 代，以成虫或 6 龄若虫越冬；翌年 4、5 月为活动危害盛期，5 月中旬开始产卵，10 月下旬以后开始越冬；东方蝼蛄昼伏夜出，取食、活动、交尾均在夜晚进行；具有趋光性，嗜食香甜食物

2．蟋蟀类

蟋蟀类属于直翅目蟋蟀科，体粗壮，色暗。触角比体长，丝状。听器在前足胫节基部。跗节 3 节。产卵器细长，矛状。尾须长。代表种类有大蟋蟀（图 3-5-2）。

大蟋蟀分布于云南、福建、广西、广东和台湾等地。成虫和若虫均危害，主要危害木麻黄、油茶、桉、人面子、台湾相思和大叶相思等多

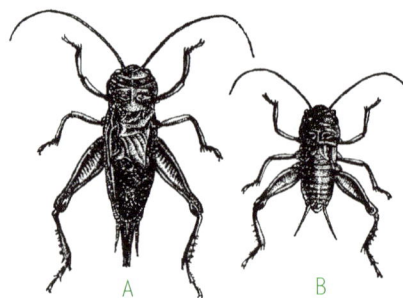

图 3-5-2　大蟋蟀
A. 成虫　B. 若虫

种幼苗，是重要的苗圃害虫。

成虫体黄褐或暗褐色。头较前胸宽。触角丝状，长度比体稍长。前胸背板中央有1纵线，其两侧各有1个颜色较浅的楔形斑块。后足腿节强大，胫节具2列4～5个刺状突起。若虫外形与成虫相似。

1年发生1代，以3—5龄若虫在洞内越冬，翌年3—4月开始活动。5—7月羽化，6—7月间成虫盛发，9月为产卵盛期，同时若虫开始出现。12月初若虫开始越冬。此虫多发生于沙壤土、沙土、植被稀疏或裸露、阳光充足的休闲地、荒芜地或全垦林地、沿海台地等，潮湿壤土或黏土很少发生。

3. 地老虎类

地老虎类属于鳞翅目夜蛾科。夜蛾科昆虫体中至大型，体翅多暗色，常具斑纹。喙发达。幼虫体粗壮，光滑少毛，颜色较深。腹足3～5对，第1、2对腹足常退化或消失。趾钩为单序中带。代表种类小地老虎（图3-5-3）分布最广，危害最严重。

小地老虎分布全国各地。小地老虎食性很杂，幼虫危害寄主的幼苗。

成虫体长18～24 mm，前翅暗褐色，肾状纹外有1尖长楔形斑，亚缘线上也有2个尖端向里的楔形斑；后翅灰白色。幼虫体灰褐色，各节背板上有2对毛片，气门菱形；臀板黄褐色，有深色纵线2条。

小地老虎在全国各地1年发生2～7代。一般认为以蛹或老熟幼虫越冬。小地老虎成虫对黑光灯有强烈趋性，对糖、醋、蜜、酒等香甜物质特别嗜好，故可设置糖醋液诱杀。

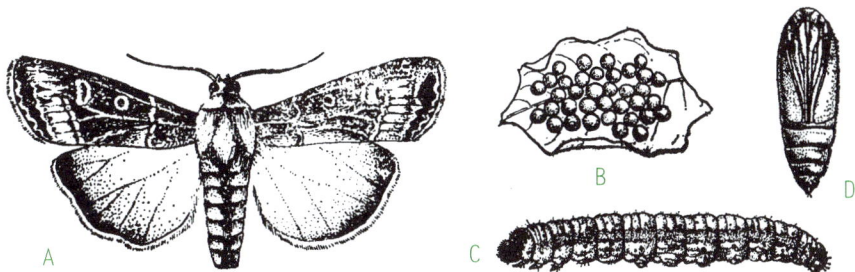

图3-5-3 小地老虎
A. 成虫 B. 卵 C. 幼虫 D. 蛹

4. 蛴螬类

蛴螬是金龟甲类幼虫的统称，属于鞘翅目金龟总科。金龟总科体粗壮，触角鳃片状。幼虫寡足型，乳白色，头橙黄或黄褐色，体圆筒形，体呈"C"形弯曲，具3对胸足，密生棕褐色细毛,俗称蛴螬(图3-5-4)。常见种类有铜绿金龟子、红脚绿丽金龟子、华北大黑鳃金龟、东方绢金龟、黑绒金龟、小青花金龟子和大云鳃金龟子等。

图 3-5-4　蛴螬

蛴螬分布广，食性杂，危害重。多危害花卉幼苗的根茎部（受害部位伤口比较整齐），使其萎蔫枯死，造成缺苗断垄现象。

金龟子多数1年发生1代，少数2年1代。以幼虫或成虫在土中越冬。当土温上升到15℃时，蛴螬开始活动，取食危害种子、幼苗和草坪草的根。成虫取食花木的叶、花和果等，严重时影响植物的生长发育，多数成虫具有趋光性和假死性。蛴螬一般为3龄。

5. 白蚁类

白蚁类属于等翅目昆虫，体长3～10 mm；触角念珠状，口器咀嚼式；有翅型前后翅大小、形状和脉序都很相似，是多型性昆虫。

白蚁分土栖、木栖和土木栖三大类，主要分布在长江以南及西南各省。常见种类有黑翅土白蚁(图3-5-5)、台湾乳白蚁等。

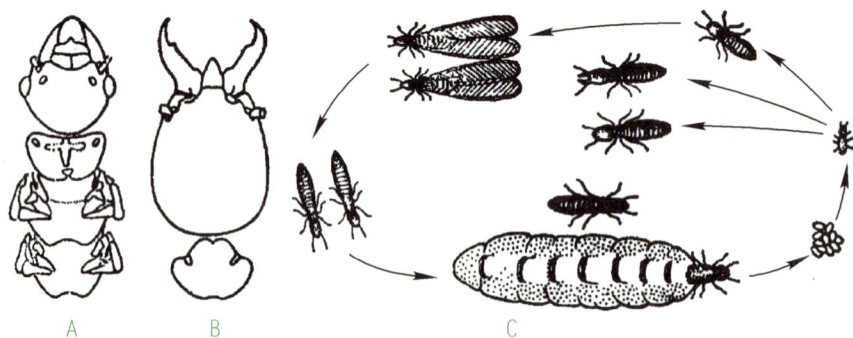

图 3-5-5　黑翅土白蚁
A. 有翅成虫头、胸部　B. 兵蚁头部　C. 生活史示意图

黑翅土白蚁广布于华南、华中和华东地区。黑翅土白蚁建营巢于土中，取食苗木的根、茎，并在树木上修筑泥被，啃食树皮，亦能从伤口侵入木质部危害。

黑翅土白蚁为社会性多型昆虫，每个蚁巢内有蚁王、蚁后、工蚁、兵蚁和生殖蚁等。有翅成虫头、胸、腹部背面黑褐色，腹面为棕黄色。翅黑褐色，前胸背板中央有 1 淡色的"＋"字形纹，纹的两侧前方各有 1 个椭圆形的淡色点。

黑翅土白蚁栖于长有杂草的地下，有翅成虫于 3 月初出现于蚁巢内，4—6 月间在靠近蚁巢附近的地面出现成群的分群孔。工蚁数量是全巢最多的，承担巢内的主要工作；兵蚁保卫蚁巢。黑翅土白蚁取食有明显的季节性。有翅蚁分飞时有强烈的趋光性。

二、园林地下害虫的防治方法

1. 加强圃地管理
秋季土地深耕翻土，必要时施撒 5% 辛硫磷颗粒剂，毒杀越冬虫源。

2. 土壤处理
防治蝼蛄、蛴螬、金针虫。播种前用 5% 辛硫磷颗粒剂 1～5 g/m² 加 30 倍的细土，制成毒土，均匀撒在苗床上，并翻入土中。

3. 药剂拌种
可用种子重 1% 的辛硫磷缓释剂拌种，或用 50% 辛硫磷乳油 0.5 kg，加水 5 kg 稀释，拌种子 50～100 kg，拌均匀后播种。

4. 诱杀法
用糖醋液（白糖 6 份、米醋 3 份、白酒 1 份、水 2 份，加少量敌百虫）诱杀地老虎成虫。用黑光灯诱杀地老虎、金龟子、蝼蛄等。在白蚁发生时，于被害处附近挖 1 个深 30 cm、长 40 cm、宽 20 cm 的诱集坑，然后把桉树皮、甘蔗渣、松木片、芒萁骨等捆成小束，埋入坑内作诱饵，上洒稀薄的红糖水或米汤，上面再覆一层草。过一段时间检查，如发现有白蚁诱来，可向坑内喷灭蚁灵，使蚁带药回巢，可大量杀死白蚁。

5．药剂防治

苗木、花卉、草坪草可在根部浇灌 1 000 ~ 1 500 倍的 75% 辛硫磷乳油、10% 吡虫啉乳油。

能力培养

当地（公园、苗圃等）园林植物地下害虫的防治

1．训练准备

以小组为单位进行地下害虫防治。准备锄头、铁铲、镊子，糖、醋、白酒、谷物（麦麸或米糠）、75% 辛硫磷乳油、90% 敌百虫晶体，搅拌器具等工具和材料。

课前查阅当地园林植物地下害虫的调查资料、害虫种类与分布情况。

2．具体操作

见表 3-5-2。

表 3-5-2　某地园林植物地下害虫防治

工作环节	操作规程	操作要求
确定防治对象	通过调查确定苗圃或公园内的地下害虫种类及分布	（1）使用锄头和小铲等工具按抽样方法调查地下害虫的危害情况 （2）计算虫口密度
确定防治地点和面积	确定作业的地点，详细测量要防治的面积	查阅地形图计算防治面积，或用 GPS 测量防治面积
查阅生活史及防治技术	了解防治对象的生活习性，选用以下防治技术：①用鲜草诱集地老虎成虫；②用糖醋液诱杀地老虎成虫；③用谷物毒饵防治蝼蛄；④用辛硫磷溶液防治地老虎、蛴螬等	

续表

工作环节	操作规程	操作要求
组织实施	各小组根据防治设计方案分解任务,落实到每个人: （1）用鲜草诱集地老虎成虫:在傍晚将鲜草撒于圃地,次日清晨检查诱集情况 （2）用糖醋液诱杀地老虎成虫:按白糖 6 份、米醋 3 份、白酒 1 份、水 2 份,加少量敌百虫的比例配制糖醋液,将糖醋液倒入塑料盘中,在傍晚放于圃地中,第 2 天起统计诱蛾数 （3）用谷物毒饵防治蝼蛄:将 5kg 麦麸或米糠炒好,将 90% 敌百虫晶体 0.05kg 倒入炒好的麦麸或米糠中,做成毒饵,在傍晚将谷物毒饵均匀撒于苗床上 （4）用辛硫磷溶液防治地老虎、蛴螬等:配制辛硫磷 1 500 倍药液,用喷雾器将辛硫磷药液喷雾,要求喷至地下 5cm 深	（1）做好防护措施,戴上口罩、手套等防护用具 （2）小组成员密切配合,发挥团队精神 （3）使用锄头等工具时要小心操作,注意安全
检查验收与效果评价	防治结束后统计活虫数量与死虫数量,对防治结果进行总结、分析,写出防治报告,将资料归档	详细统计活虫数量与死虫数量,并做好记录 根据统计数据进行统计分析,并提出改进措施

随堂练习

1. 简述毒饵的制作方法及诱杀的对象，使用时应该注意的问题。
2. 如何利用白蚁的习性通过诱杀来防治白蚁？
3. 如何防治草坪地下害虫？

任务 3.6　其他有害动物识别及防治

任务目标

知识目标：

1. 了解螨类、鼠妇、蜗牛、蛞蝓等有害动物的危害特点。
2. 掌握螨类、鼠妇、蜗牛、蛞蝓等有害动物的鉴别。
3. 掌握螨类、鼠妇、蜗牛、蛞蝓等有害动物的防治方法。

技能目标： 能设计螨类、鼠妇、蜗牛、蛞蝓等有害动物的防治方案并实施。

知识学习

一、其他有害动物的危害特点和常见类群鉴别

1. 螨类

螨类属于蛛形纲蜱螨目，在自然界分布广泛。螨类与昆虫的主要区别是：体分节不明显，不分成头、胸、腹 3 个体段。无翅。无复眼，但大多数种类有 1～2 对单眼，有足 4 对（少数 2 对）。常见种类有山楂叶螨（图 3-6-1）、朱砂叶螨（图 3-6-2）等，详见表 3-6-1。

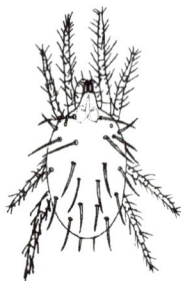

图 3-6-1　朱砂叶螨

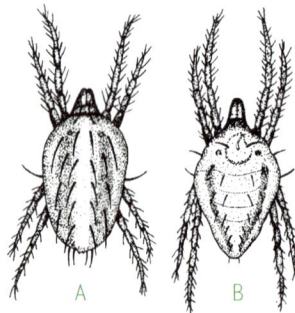

图 3-6-2　山楂叶螨
A. 雌成螨　B. 雄成螨

表 3-6-1　常见螨类危害与识别

种名	分布与危害	鉴别特征	生活史及习性
朱砂叶螨	分布广泛，危害香石竹、菊花、凤仙花、茉莉、月季、桂花、一串红、鸡冠花、蜀葵、木槿、木芙蓉、桃、万寿菊、天竺葵、鸢尾和山梅花等花木	成螨一般呈红色、锈红色，螨体两侧常有长条形纵行块状斑纹，斑纹从头胸部开始一直延伸到腹部后端，有时分隔成前后两块；若螨略呈椭圆形，体色较深，体侧透露出较明显的块状斑纹，足 4 对	1 年发生 12 ~ 20 代，主要以受精雌成螨在土块缝隙、树皮裂缝及枯叶等处越冬，翌年春天温度回升时开始繁殖危害；高温的 7—8 月份发生重；10 月中、下旬开始越冬；高温干燥利于其发生
山楂叶螨	分布于辽宁、内蒙古、河北、北京、山西、陕西、宁夏、甘肃、河南、山东、江苏和江西等地，危害樱花、海棠、桃、榆叶梅和锦葵等花木	雌成螨卵圆形，有冬型、夏型之分：冬型体色鲜红，体背两侧无黑色斑块，夏型暗红色，体躯背面两侧第 2 对足后方，各有 1 黑色不整形斑块；雄成螨体浅黄绿色至橙黄色；若螨近圆球形，前期为淡绿色，后变为翠绿色	辽宁 1 年 5 ~ 6 代，河北 1 年 3 ~ 7 代，山西 1 年 6 ~ 7 代，山东 1 年 7 ~ 9 代，河南 1 年 12 ~ 13 代；以雌成螨在枝干树皮裂缝、粗皮下或干基土壤缝隙等处越冬；次年 3—4 月，越冬雌成螨危害芽等幼嫩组织；5 月底第 1 代幼螨和若螨出现盛期

2. 鼠妇

鼠妇（图 3-6-3）俗称"西瓜虫"，属节肢动物门甲壳纲，分布于全国各地，危害海棠、紫罗兰、仙客来、铁线蕨、扶桑、茶花、含笑、苏铁等观赏植物。常集居于朽木、枯叶、石块等下面。

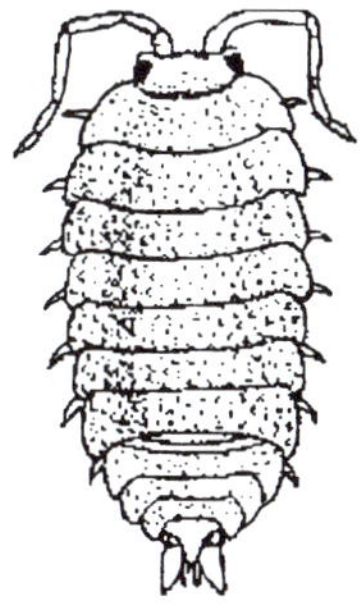

鼠妇体背灰色或褐色，体宽而扁，有光泽。头部前缘中央及其左右侧角突起显著。有眼 1 对，触角 2 对，第 1 对触角微小，共 3 节；第 2 对触角呈鞭状，共 6 节。口器小，褐色。

图 3-6-3　鼠妇

鼠妇 1 年繁殖 1 次，寿命可达 1 年以上。鼠妇性喜湿，不耐干旱。鼠妇有假死性，即在外物的碰撞下，将身体蜷缩呈球形，静止不动，呈假死状。多见于花盆底下，在花盆底排水孔内觅食根部。

3. 蜗牛和蛞蝓

蜗牛和蛞蝓均属于软体动物门腹足纲，常对园林植物造成危害（图 3-6-4，表 3-6-2）。

图 3-6-4 软体动物
A. 蜗牛 B. 蛞蝓

表 3-6-2 蜗牛和蛞蝓的危害与识别

有害动物	分布与危害	鉴别特征	生活史及习性
蜗牛	分布于内蒙古、河北、山西、陕西、甘肃、青海、新疆、山东、江苏、浙江、河南、湖北、湖南、广东、广西、四川、吉林等地，主要以植物茎叶、花果、幼苗及根为食	蜗牛具有螺旋形贝壳，成虫的外螺壳呈扁球形，由多个螺层组成，壳质较硬，黄褐色或红褐色；头部发达，具 2 对触角，眼在后 1 对触角的顶端，口位于头部腹面；卵球形；幼虫与成虫相似，体形较小	蜗牛和蛞蝓在北方地区均 1 年发生 1 代，喜阴暗潮湿的环境；取食植物叶片、嫩茎和芽，初孵时啃食叶肉或咬成小孔，稍大后造成缺刻或大的孔洞，严重时可将叶片吃光或咬断茎秆，造成缺苗；此外，它们排出的粪便也可污染植物
蛞蝓		蛞蝓不具贝壳，体长形柔软，暗灰色，有的为灰红色或黄白色；头部具 2 对触角，眼在后 1 对触角顶端，口在前方，口腔内有 1 对胶质的齿舌；卵椭圆形；幼体淡褐色，体形与成体相似	

二、园林其他有害动物的防治方法

1. 加强栽培管理，搞好圃地卫生

及时清除园地杂草和残枝虫叶，减少虫源。人工捕捉鼠妇、蜗牛和蛞蝓。用杂草、树叶或菜叶堆放田间，诱集蜗牛和蛞蝓使用氨水，再集中捕杀。

在越冬期，叶螨越冬的虫口基数直接关系到翌年的虫口密度，因而必须做好有关防治工作，以杜绝虫源。对木本植物，刮除粗皮、翘皮，结合修剪，剪除病、虫枝条。树干束草，诱集越冬雌螨，来春收集烧毁。

2. 药剂防治

发现红蜘蛛在较多叶片危害时，应及早喷药。防治早期危害，是控制后期猖獗的关键。可喷施 5% 噻螨酮乳油或 15% 达螨灵乳油 1 500 倍液、25% 三唑锡可湿性粉剂 1 000 倍液、50% 四螨嗪悬浮剂 5 000 倍液、73% 炔螨特乳油 2 000 倍液。喷药时，要求做到细微、均匀、周到，要喷及植株的中、下部及叶背等处，每隔 10 ~ 15 天喷 1 次，连续喷 2 ~ 3 次，有较好效果。撒施 8% 灭蜗灵颗粒剂或用 10% 多聚乙醛颗粒剂，15 kg/hm²；用 6% 四聚乙醛颗粒剂撒于地表杀死蜗牛和蛞蝓。

3. 生物防治

可使用捕食螨等，以螨治螨，效果较好。

能力培养

当地（公园、苗圃等）园林植物其他有害动物种类调查及防治

1. 训练准备

以小组为单位进行其他有害动物种类及危害情况调查和防治。准备锄头、小铲、镊子，6% 四聚乙醛颗粒剂、25% 三唑锡可湿性粉剂、50% 四螨嗪悬浮剂等工具和材料。

课前查阅当地园林植物其他有害动物种类及危害情况的资料。

2. 具体操作

见表 3-6-3。

表 3-6-3   当地园林植物其他有害动物种类调查及防治

工作环节	操作规程	操作要求
有害动物种类调查	确定调查地点，在调查地块内进行踏查，确定调查样地	（1）使用锄头和小铲等工具对样地详细统计鼠妇、蜗牛和蛞蝓的数量 （2）计算虫口密度 （3）将结果填入表 3-6-4
确定防治面积	确定作业的地点，详细测量要防治的面积	查阅地形图计算防治面积，或用 GPS 测量防治面积

工作环节	操作规程	操作要求
制订防治方案	根据课前查阅的本地螨类、鼠妇、蜗牛和蛞蝓等有害动物的生活史，选用以下防治技术：①25% 三唑锡可湿性粉剂或 50% 四螨嗪悬浮剂防治螨类；②6% 四聚乙醛颗粒剂防治鼠妇、蜗牛和蛞蝓	
组织实施	各小组根据防治设计方案分解任务，并将任务落实到每个人： 　（1）配制 25% 三唑锡可湿性粉剂 1 000 倍液或 50% 四螨嗪悬浮剂 5 000 倍液喷雾防治螨类 　（2）将 6% 四聚乙醛颗粒剂，用量为 15kg/hm²，撒施于鼠妇、蜗牛和蛞蝓危害地区	（1）做好防护措施，戴上口罩、手套等防护用具 　（2）防治螨类时要注意将药液均匀喷到叶背 　（3）使用喷雾器等工具时要小心操作，注意安全
检查验收与效果评价	防治结束后对防治结果进行总结、分析，写出防治报告，将资料归档	详细统计活虫数量与死虫数量，并做好记录 　根据统计数据进行统计分析，并提出改进措施

表 3-6-4　鼠妇、蜗牛和蛞蝓调查表

调查时间	调查地点	标准地号	动物名称	数量	虫口密度	备注

随堂练习

1. 防治螨类有哪些措施？

2. 鼠妇、蜗牛和蛞蝓如何防治？

项目小结

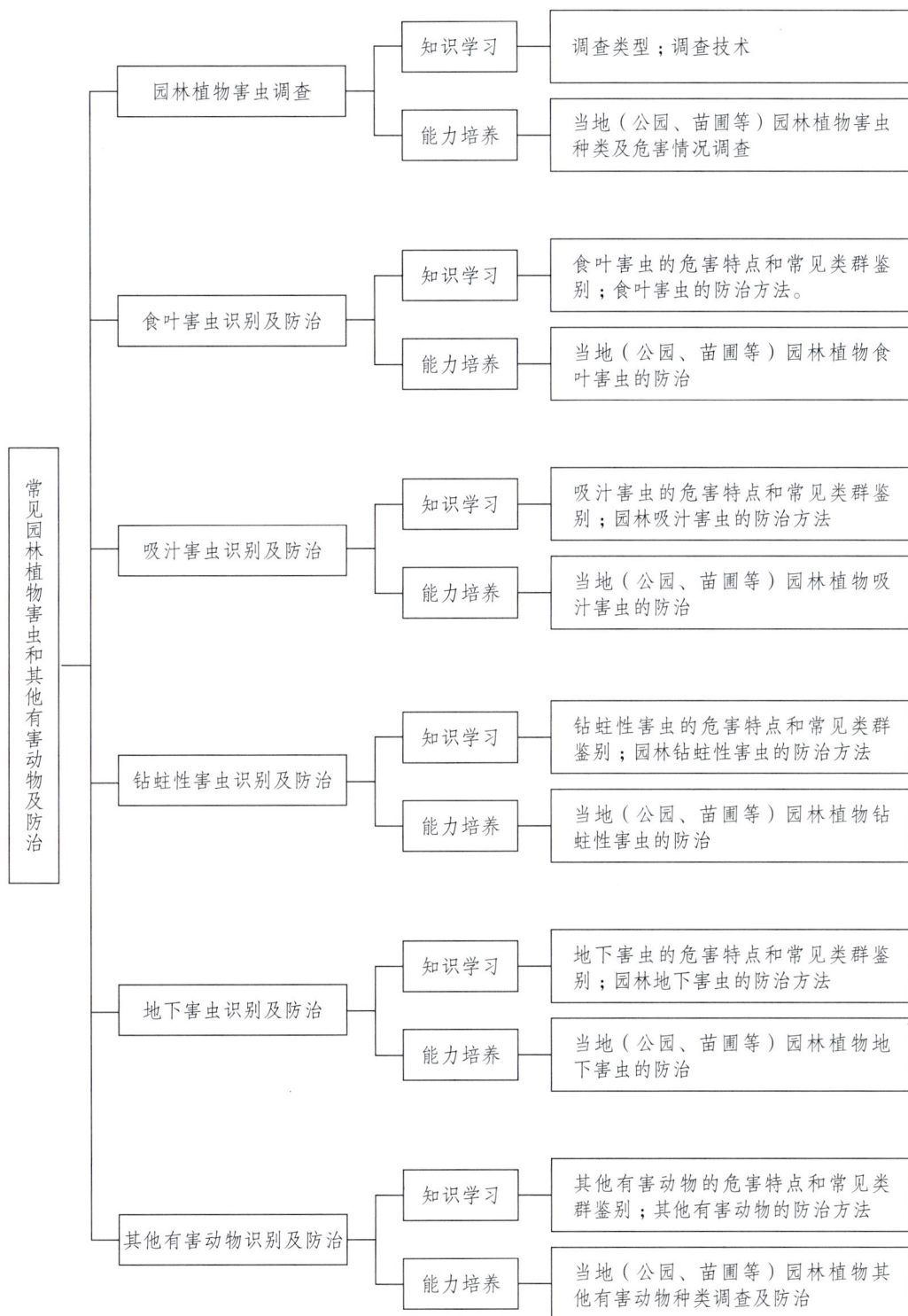

项目测试

一、选择题

1．以下属于食叶害虫的是（　　　）。

    A．竹织叶野螟　　　B．介壳虫　　　　　C．黄褐天幕毛虫　　D．霜天蛾

2．舞毒蛾是危害园林植物的重要害虫之一，其食性为（　　　）。

    A．单食性　　　　　B．寡食性　　　　　C．多食性　　　　　D．腐食性

3．有利于螨类发生的气候条件是（　　　）。

    A．春季高温干旱少雨　　　　　　　　B．春季雨量充沛

    C．夏季高温　　　　　　　　　　　　D．夏季多雨

4．以下属于吸汁害虫的是（　　　）。

    A．月季长管蚜　　　B．梨冠网蝽　　　　C．花蓟马　　　　　D．蔷薇三节叶蜂

5．吸汁害虫的危害状是（　　　）。

    A．缺刻和孔洞　　　B．叶片皱缩　　　　C．形成虫瘿　　　　D．植株萎蔫

6．幼虫体背有哑铃形紫褐色斑的害虫是（　　　）。

    A．丽绿刺蛾　　　　B．黄刺蛾　　　　　C．扁刺蛾　　　　　D．桑褐刺蛾

7．月季叶蜂的腹足有（　　　）对。

    A．3　　　　　　　　B．4　　　　　　　　C．5　　　　　　　　D．6

8．属于检疫性有害生物的是（　　　）。

    A．白兰台湾蚜　　　B．松材线虫病　　　C．美国白蛾　　　　D．星天牛

9．护囊光滑、灰白色、织结紧密的是（　　　）。

    A．茶袋蛾　　　　　B．桉袋蛾　　　　　C．白囊袋蛾　　　　D．大袋蛾

10．下列害虫中，蛀干害虫是（　　　）。

    A．蛴螬　　　　　　B．白杨透翅蛾　　　C．棉卷叶野螟　　　D．山楂叶螨

二、简答题

1．园林植物食叶害虫、吸汁害虫的危害特点分别是什么？

2．天牛类害虫有哪些？如何防治？

3．根部害虫的发生特点是什么？

4．如何配制毒饵诱杀蝼蛄和地老虎？

5．危害园林植物的螨类主要有哪些种类？怎样防治？

三、综合分析题

1．针对本地区园林植物叶部害虫发生现状，谈谈如何开展园林植物叶部害虫的综合治理工作。

2．根据你所在校园园林植物吸汁类害虫的发生状况，谈谈如何组织防治。

园林植物害虫预
测预报方法简介

项目 3 链接

园林植物病害症状类型及侵染途径

任务 4.1　园林植物病害症状类型识别
任务 4.2　园林植物侵染性病害发生发展规律
任务 4.3　园林植物病害标本采集与制作

项目导入

　　在"山水甲天下"的桂林，王亮承包了 100 亩地种植桂花等园林绿化树种。有一天，王亮发现他种植的桂花树树叶有一部分出现焦枯，并有加重趋势。王亮很着急，他不知道是什么原因造成这种现象？

　　王亮请教了专家，才知道他种植的部分桂花树叶出现焦枯的原因是桂花的生长势较差，感染了桂花叶枯病。在专家的指导下，王亮的桂花树得到了治疗，逐步恢复正常。

　　园林植物在生长发育过程中，经常会遭到有害生物的侵染或不良环境的影响而发生病害。通过这一项目的学习，同学们将知道什么是植物病害，植物为什么会生病，生病的原因有哪些，植物生病后的表现有哪些，从而帮助我们正确诊断植物病害，为防治植物病害、保证园林植物的健康生长奠定基础。

任务 4.1　园林植物病害症状类型识别

任务目标

知识目标：

1. 掌握园林植物病害、病原、症状的基础知识。

2. 掌握园林植物病害的症状特征。

技能目标：

1. 能识别本地区常见园林植物病害。

2. 能区分园林植物病害种类，初步鉴别植物病原。

知识学习

一、园林植物病害概述

园林植物病害是指园林植物在生长发育过程中，或在种苗、球根、鲜切花、整株的贮藏及运输过程中，由于遭受有害生物的侵染或不良的外部环境条件，使园林植物在生理上、组织上、形态上发生的一系列病理变化。园林植物病害不仅影响园林植物的生长，且影响产量和质量，甚至导致植物局部或全株死亡，严重影响观赏价值和园林景色，造成经济损失。如由于土壤中缺少可利用的铁元素，杜鹃花叶片发黄；山茶、兰花等植物由于遭受炭疽菌的影响，发生炭疽病，影响植物的正常生长。

园林植物病害是对人类生产和经济观点而言的。有些园林植物，虽然受其他生物或不良环境因素的侵染和影响，表现出某些"病态"，但却增加了观赏价值和经济价值，如郁金香碎锦、苘麻花叶、绿菊、月季品种中的"绿萼"等，都是由病毒或植原体侵染引起的。人们将这些"病态"植物视为观赏园艺中的名花或珍品，经济和观赏价值大大提高，因而不被当作病害。

　　园林植物遭受有害生物侵染或不适宜的环境条件影响后，首先是正常的生理程序发生改变，称为生理病变；继而导致内部组织的变化，称为组织病变；最后致使外部形态的变化，如叶斑、枯梢、根腐、霉烂、畸形等，称为形态病变。因此，植物病害的发生必须经过一定的病理程序。如果植物受到昆虫、其他动物或人为的机械损伤，以及雹害、雪害、风害等造成的伤害，这些都是植物在短时间内受到外界因素袭击突然形成的，受害植物在生理上未经过上述病理程序，因此不能称为病害，而称为损伤。

　　园林植物病害，一般分为侵染性病害和非侵染性病害两类。

1. 侵染性病害

　　侵染性病害是由于真菌、细菌、病毒、植原体、线虫、寄生性种子植物、藻类和螨类等生物侵染园林植物引起的，这类病害能相互传染，有侵染过程，对园林植物造成很大危害，又称传染性病害或寄生性病害。引起这类病害的生物（病原物），称为侵染性病原（图 4-1-1）。

2. 非侵染性病害

　　非侵染性病害主要是由于气候和土壤等条件不适宜植物生长而引起的。常引起生理病害的原因有：温度不适宜、土壤水分失调、营养失调、有毒物质的污染等。这类病害没有病菌侵染过程，不能相互传染，但其内部生理过程发生了变化，又称生理病害。引起这类病害的因素，称为非侵染性病原。

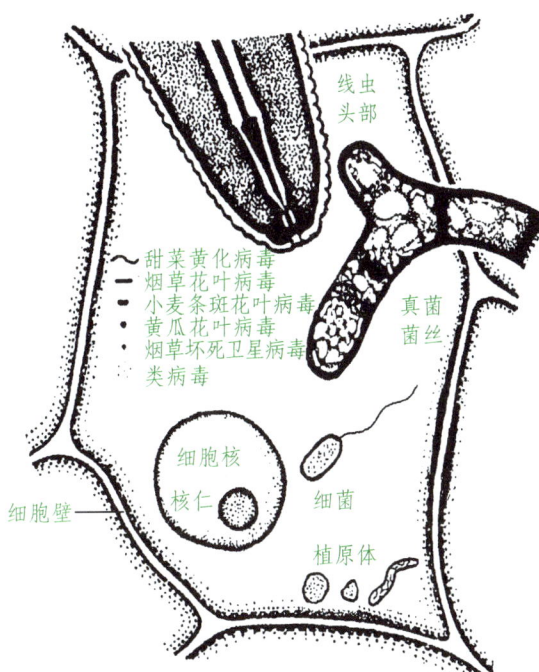

图 4-1-1　几类植物病原物与植物细胞大小的比较

二、常见园林植物病害典型症状及类型

　　园林植物病害的症状是指园林植物感病后，在外部形态上所表现的不正常特

征。对某些病原物来说，症状包括病状和病症两部分。病状是指感病植物本身所表现出来的不正常特征；病症是指病原物在发病部位所表现的特征。如山茶炭疽病，病状是在叶片上形成圆形或半圆形、中心灰白色、边缘红褐色的坏死病斑，而病症则是后期在病斑上所产生的小黑点。所有的植物病害都有病状，而病症只在真菌、细菌、寄生性种子植物、藻类等所引起的植物病害上表现明显，而病毒、植原体等引起的植物病害则无病症。非侵染性病害也无病症。

1. 病状类型

常见园林植物病害病状类型如表 4-1-1 及彩图 33。

表 4-1-1　植物病害病状类型

序号	病状类型	主要特点	举例
1	变色	病部细胞内叶绿素形成受到抑制或破坏，其他色素形成过多，从而表现出不正常的颜色；常见的有褪绿、黄化、花叶、白化及红化等	美人蕉花叶病、唐菖蒲花叶病、茶花褪绿病、杜鹃黄化病、柑橘幼苗白化病
2	坏死	病部细胞和组织死亡，但不解体；常表现为斑点、叶枯、溃疡、枯梢、疮痂、立枯和猝倒等	月季黑斑病、兰花炭疽病、樱花穿孔病、茶花叶枯病、杨树溃疡病、松苗猝倒病
3	腐烂	病组织的细胞坏死并解体，原生质被破坏以致组织溃烂；常见的有根腐、干腐、茎腐、果腐和块腐等	国槐腐烂病、仙人掌茎腐病
4	枯萎	植物茎部或根部的微管束组织受害后，大量病菌分泌的毒素堵塞或破坏导管，使水分运输受阻而引起植物凋萎枯死	松材线虫病、合欢枯萎病、大丽花青枯病、美人蕉青枯病、紫荆枯萎病
5	畸形	受病原物侵染后，植物局部器官的细胞数目增多，生长过度或受抑制而引起畸形；常见的有徒长、矮缩、丛枝和肿瘤。	竹丛枝病、桃缩叶病、樱花冠瘿病、仙客来根结线虫病、苦楝簇顶病、山茶叶肿病、南天竹小叶病、葡萄毛毡病
6	流脂或流胶	感病植物的细胞分解为树脂或树胶，自树皮流出	针叶树流脂病、桃树流胶病

2. 病症类型

常见园林植物病害病症类型如表 4-1-2 及彩图 34。

表 4-1-2 植物病害病症类型

序号	病症类型	主要特点	举例
1	白粉	主要在植物幼嫩部分有白色粉状物	月季、紫薇、九里香白粉病
2	锈粉	在植物病组织上有锈黄色粉状物，或内含黄粉的疱状物或毛状物	玫瑰、海棠、美人蕉、竹、台湾相思锈病
3	煤污	在植物叶、枝、果上产生煤烟状物	山茶、紫薇、榕树等的烟煤病
4	霉状物	在植物病部出现各种颜色的霉层	月季或葡萄霜霉病、柑橘青霉病、仙客来或月季灰霉病
5	点（粒）状物	在病部产生黑色、褐色或粉色小点	山茶炭疽病、桂花叶枯病
6	膜状物	病原真菌在病部产生的一层膏药状物，颜色通常为灰白色或紫褐色	女贞膏药病
7	线状物	病原真菌在病部产生菌丝束	兰花白绢病
8	蕈体	高等担子菌在腐朽的树木上产生的大型子实体	小蜜环菌
9	菌脓	植物受细菌侵染后，在病部溢出的脓状黏液，干后成为胶质颗粒或块状物。	大丽花、菊花、美人蕉青枯病
10	植物体	寄生性种子植物的茎干和枝叶	桑寄生、槲寄生、菟丝子

能力培养

识别常见园林植物病害症状

1. 训练准备

以小组为单位进行观察识别。准备枝剪、放大镜、镊子、标本夹、标本纸、采集袋、高枝剪、小刀、小锯、相机、实体显微镜、显微镜和记录本、投影仪、挑针、解剖刀、镊子、载玻片、盖玻片、搪瓷盘、塑料袋、标签等工具。课前查阅当地园林植物病害的历史资料、病害种类与分布情况。

2．具体操作

见表 4-1-3。

表 4-1-3　当地园林植物病害症状观察识别

工作环节	操作规程		操作要求
选择观察地点	选择有代表性、园林植物病害发生典型的苗圃、绿地或公园作为观察识别地点		观察地点要分布有一定数量的常见园林植物病害种类，且症状明显
野外采集标本	沿园路、人行道或自选路线，仔细观察每一株植物，寻找植物发病部位，用放大镜观察每一种病害的症状，采集具有典型症状表现的植物病害标本，挂好标签，做好记录，同时利用相机拍摄图片		（1）谨慎操作，注意安全 （2）爱护植物
观察识别病害症状	观察识别病状	仔细观察植物病害标本，识别植物病害常见的病状类型：①斑点：后期在病斑上出现霉层或小黑点，分为灰斑、褐斑、黑斑、漆斑、圆斑、角斑和轮斑等；②炭疽：病部多形成轮状而凹陷的病斑，后期病斑上出现小黑点；③溃疡：皮层局部坏死，病部周围常隆起，中央凹陷开裂；④腐烂：皮层腐烂，边缘隆起不明显；⑤枯萎：枝条或整个树冠的叶片凋萎、脱落或整株枯死；⑥丛枝：枝叶细弱，丛生；⑦肿瘤：枝、干或根部形成大小不等的瘤状物；⑧变形：叶片皱缩、叶片变小、果实变形等；⑨流脂、流胶：树干上有脂状物或胶状物	（1）注意分辨识别不同植物病害的不同症状表现及特点，为植物病害诊断打好基础 （2）显微镜要轻拿轻放，不能用手触摸显微镜镜头；使用完毕，应及时降低镜体，取下载物台面上的观察物，放入镜箱内
	观察识别病症	借助放大镜仔细观察植物病害，识别植物病害常见的病症类型：①白粉：病部表面有白色粉状物，其上散生黑色颗粒状物；②煤污：病部表面覆盖烟煤状物；③锈粉：病部有锈黄色的粉状物、泡状物及毛状物；④霉状物：表面出现红、白、绿、黑、灰等霉状物；⑤点（粒）状：病斑上有小黑点；⑥蕈体：担子菌子实体	
	观察识别病原物	在室内借助显微镜、采用临时制片法进行 用解剖针在病部挑取少量病原物，放入载玻片的水滴中；用镊子取一干净盖玻片，先将一侧与载玻片上水滴充分接触展布，然后慢慢落下，以防气泡产生；用吸水纸吸去周边多余水分，将临时制片放在显微镜载物台上，观察病原物特征	
填写植物病害观察记录表	逐项认真填写记录表 4-1-4，讨论、分析观测结果		对疑难病害查阅资料，并开展小组讨论，教师引导，最后达成共识

表 4-1-4 植物病害观察记录表

序号	病害名称	寄主名称	发病部位	病状类型	病症类型	症状描述

随堂练习

1. 说说什么是园林植物病害？什么是症状？

2. 根据实训结果举例说明侵染性病害和非侵染性病害的区别？

3. 根据实训结果举例说明园林植物病害的症状类型有哪些？

任务4.2 园林植物侵染性病害发生发展规律

任务目标

知识目标：

1. 了解园林植物侵染性病害发生发展过程的特点。

2. 掌握园林植物侵染性病害发生发展与流行的规律。

技能目标： 能根据植物病害发生发展过程，分析影响制约病害发生的因素。

知识学习

一、园林植物侵染性病害的发生过程

从病原物与寄主植物接触开始，到寄主植物呈现症状的全部过程，称植物病害的发生过程，简称病程。这是一个连续的过程，但为了研究其特点，常人为分成接触期、侵入期、潜育期和发病期四个阶段。

1．接触期

接触期是指病原物与植物感病部位接触，并开始侵入寄主植物为止这一段时间，它是健康植株发病的前提条件。接触期的长短因病原种类而异。病毒、植原体和从伤口侵入的细菌，接触和侵入几乎是同时实现的。大多数真菌的孢子在具备萌发条件时，几小时便完成侵入，但也有接触期长达几个月后才完成侵入的。

在生产上，可通过采取阻隔的方法防治病原物同寄主植物接触，如建造温室、大棚可以有效防止自然病原物的传入；覆盖薄膜或无菌土可有效防止苗木猝倒病的发生；在花蕾、果实等生长期套袋可有效防止花卉、果实病害；在花木根茎部、修剪部位涂抹石灰水或白涂剂可有效防止花木根茎部病害或修剪部位腐烂；防治

传毒昆虫也可阻隔病菌的侵染。

2. 侵入期

侵入期是指从病原物侵入寄主到与寄主形成寄生关系为止这一段时间。病原物的侵入途径一般有三种：

（1）伤口侵入 修枝伤、虫伤、灼伤、冻伤及机械损伤等，是病原物侵入的主要途径。

（2）自然孔口侵入 真菌和某些细菌从气孔、皮孔、水孔和蜜腺等侵入寄主。

（3）直接侵入 主要是寄生性种子植物、线虫和有些真菌，这些病原物直接穿透寄主的角质层和细胞壁侵入植株。

病原物能否侵入寄主植物，与病原物本身、寄主的抗病性和环境条件有密切关系。就环境条件来说，影响最大的是温度和湿度。在适宜的温度下阴雨、多雾、潮湿的天气有利于病害的发生发展。

在防治措施上，主要是通过阻止病原物侵入的方法。如在植物发病前喷药保护，直接杀灭病原物；保护花木免受伤害，并在伤口处涂抹石灰水或在修剪整枝后在剪口涂抹波尔多液保护；调节温室、大棚内的温、湿度，使其有利于植物的生长，而不利于病原物的发生发展；对于防治苗木猝倒病，可采取让苗木的幼嫩期与病原物发病期错开（如春季稍提前育苗）等。

3. 潜育期

潜育期是指从病原物与寄主形成寄生关系开始，到植物表现症状为止这一段时间。

不同病害的潜育期长短差异很大，一般叶斑病几天至十几天后表现症状，枝干病害约十几天至几十天、松疱锈病为 2～3 年，活立木腐朽病则为几年到几十年才会表现症状。抗病树种和生长健壮的植物感病后，潜育期会延长，发病也较轻。外界温度对潜育期影响很大，适温下潜育期最短。

在防治策略上，主要是通过加强栽培管理，促进植株生长健壮，增强抗病能力。

4. 发病期

发病期是指从症状出现到病害消亡这一段时间。

在生产管理中，这一时期，主要是向病部喷药，以保护未受害植株或植株未受害部位，或通过清除发病部位，阻断病害再侵染。

二、植物病害的侵染循环

植物病害侵染循环是指从前一个生长季节开始发病，到下一个生长季节再度发病的过程（图 4-2-1），包括病原物的越冬、传播、初侵染和再侵染。

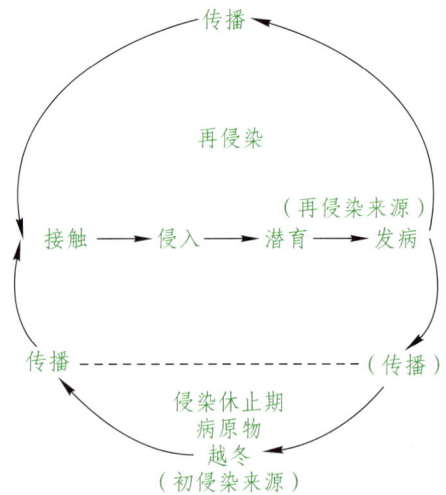

图 4-2-1　植物病害侵染循环模式图

1. 病原物的越冬

病原物的越冬有一定的场所，掌握病原物的越冬场所，采取有针对性的措施，对防治工作可收到事半功倍的效果。病原物主要越冬场所有：

（1）病株　多年生植物一旦染病后，病原物就可在寄主体内定殖，成为次年的初侵染来源。

（2）病株残体　有病的枯枝、落叶、落花、落果及残根等都是次年初侵染来源。

（3）土壤及肥料　对于凭借土壤传播的病害或植物根部病害来说，土壤是主要的或唯一的侵染来源。病原物以厚垣孢子、菌核、菌索等在土壤中休眠越冬，有的可存活数年之久。此外，肥料中常混有未经腐熟的病株残体，也是侵染来源。

（4）种苗及其他繁殖材料　植物带病的种子、苗木、球茎、鳞茎、块根、接穗和其他繁殖材料，是病菌、病毒和植物菌原体等病原物远距离传播和初侵染的主要来源。

在生产上采取的防治措施有：加强检疫，种苗消毒，清除病株及其残体（烧毁或深埋），土壤消毒，轮作，施用充分腐熟的农家肥等。

2. 病原物的传播

病原物的传播包括主动传播和被动传播。主动传播是指靠病原物自身生长运动来传播病害，如孢子的弹射、带鞭毛病原菌的游动和线虫的爬行等；被动传播是指病原物靠风雨、动物和人类活动等外力进行传播。

（1）气流传播　真菌的孢子主要由气流传播。

（2）雨水传播　雨水和流水的传播作用是使混在胶质物中的真菌孢子和细菌得以分散，并随水流和雨水的飞溅作用来传播。土壤中的根癌致病细菌可以通过灌溉水来传播，雨水还可将空中悬浮或移动的孢子打落在植物体上。

（3）动物传播　危害植物的害虫种类多、数量大，也是病毒、植原体和真菌、细菌、线虫病害的传播媒介。

（4）人为传播　人类通过园艺操作、种苗及其他繁殖材料的远距离调运等活动传播病害。

3．初侵染和再侵染

初侵染是指越冬后病原物在植物生长期引起的首次侵染。再侵染是指在植物生长期初侵染后再次引起的侵染。在同一生长季节，再侵染可能会发生多次，如苗木猝倒病、月季黑斑病、月季锈病、月季白粉病等；也有无再侵染的，如海棠锈病。

联系生产实际，在防治工作中应注意清除越冬病原物，使用完全腐熟的农家肥，铲除发病中心。再侵染的次数较多，应相应地增加防治次数。

三、植物病害的流行

植物病害流行是指植物病害在一个时期、一个地区发生普遍而且严重，使某种植物生长发育受到巨大损失的现象。

植物病害流行的条件：

（1）有大量易于感病的寄主　栽培管理不当，引进的植物品种不适应当地的气候，品种搭配不当等，都会造成植株易于感病。

（2）有大量致病力强的病原物　从外地传入新的病原物，原有病原物的大量积累或产生致病力强的新的生理小种，可产生大量致病力强的病原物。

（3）有适合病害发生的环境条件　温暖潮湿的环境、种植过密、连作等栽培方式有利于病害流行。

以上 3 个条件同时存在，可导致植物病害流行。

针对植物病害流行的条件，主要通过加强植物检疫，杜绝危险性病原物的传入；加强栽培管理，促进植物生长健壮，增强抗病能力；改变耕作制度（如轮作、水旱交替种植等），减少病原物的积累；不盲目引种植物，品种搭配种植合理，均可避免植物病害流行。

能力培养

观测当地园林植物侵染性病害发生规律

1. 训练准备

以小组为单位开展观察。准备枝剪、放大镜、镊子、标本夹、标本纸、采集袋、高枝剪、小刀、小锯、相机、实体显微镜、显微镜和记录本、投影仪、挑针、搪瓷盘、塑料袋、标签等工具。课前查阅当地园林植物病害的历史资料、病害种类与分布情况。

2. 具体操作

见表 4-2-1。

表 4-2-1   当地园林植物病害发生规律的观测

工作环节	操作规程	操作要求
确定观察对象	结合前期植物病害症状观察调查，确定本次要观察的对象，并认真查找资料，熟悉观察对象发病的详细情况	（1）观察对象和部位应具有代表性 （2）查找的资料应尽可能接近本地情况，并收集记录下来
病原物越冬的观察	（1）寄主感病组织的检查：①观察树干和枝条上的病斑是否继续扩展、各种病斑是否有病菌的子实体存在；②如果病菌未见子实体，可取其病变组织进行保湿培养或分离工作，必要时可进行接种实验 （2）病组织残体的检查：仔细检查病残体表面或将病残体破碎，用水浸泡并加以搅拌，沉淀过滤后离心，在显微镜下检查沉淀物中的病原物 （3）土壤检查：在显微镜下检查目标病原物，或者在土壤中接种疑似无病种子，根据发病情况，检查病菌是否存在 （4）种子检查：用肉眼检查挑出不正常的种子，用显微镜检查种子是否有病变和病原物	（1）检查时要做好必要的防护措施 （2）使用显微镜等仪器时，要按照仪器的操作规程作业

续表

工作环节	操作规程	操作要求
病害传播方式的观察	（1）风雨传播病害的观察：风雨传播是真菌病害和细菌病害的主要传播方式：①用载坡片涂一层凡士林作为孢子捕捉器，放在田间，一段时间后放在显微镜下检查孢子数量；②用田间流水浇灌植物，观察发病情况 （2）昆虫传播病害的观察：将病株上的蚜虫、叶蝉、飞虱等吸汁害虫放到健康植株上，经过一段时间后观察健康植株是否染上病菌。 （3）种苗传播病害观察：将有病的接穗嫁接到无病的砧木上，或用无病接穗嫁接到有病的砧木上，经过一段时间后观察发病情况	（1）尽可能在校园或周边绿地进行，方便观察作业 （2）进行昆虫传播病害观察时，可用纱网分隔设立实验观察区域
病害发生情况的观察	（1）野外定点观察：设立固定标准地，自病害发生前，开始定点、定期观察一般 5 ~ 10 天观察一次，对观察的情况进行详细记载：①初发现病株时间；②发病盛期起止时间，即病株遍布田间的时间；③病害缓慢发展或停止时间 （2）在室内用显微镜详细观察，田间观察时利用相机拍摄图片	（1）显微镜使用完毕，应及时降低镜体，取下载物台面上的观察物，并将显微镜放入镜箱内，轻拿轻放 （2）不能用手触摸相机镜头和显微镜镜头
填写记录表	填写记录表 4-2-2，讨论、分析观测结果	逐项填写，积极查阅资料，认真讨论，达成共识

表 4-2-2　植物病害发生规律观察记录表

病害名称	寄主名称	病原物的越冬场所	病原物的传播方式	病原物的发生情况	备注

随堂练习

1. 简述园林植物侵染性病害的发生过程和侵染循环。

2. 分析园林植物侵染性病害病程、侵染循环、病害流行与防治的关系。

任务 4.3　园林植物病害标本采集与制作

任务目标

知识目标：

1. 了解植物病害标本采集与制作的技术要求。
2. 掌握植物病害标本采集与制作的方法。

技能目标：能熟练进行植物病害标本的采集与制作。

知识学习

一、园林植物病害标本采集

1．病害标本采集工具和材料

（1）标本夹　用来采集、翻晒、压制病害标本。

（2）标本纸　一般是草纸、麻纸或旧报纸，用来吸收标本水分。

（3）采集箱　用来临时收存新采的果实、子实体等柔软多汁标本。

此外，还需要修枝剪、手锯、手持放大镜、镊子、记载本、标签等用具。

2．采集方法

采集时，要将有病部位连同一部分健康组织一起采下。采下的标本要求：

（1）症状要典型，有的病害还应有不同阶段的症状，才能正确诊断病害。

（2）真菌病害标本应采有子实体，如果没有子实体便无法鉴定病原。

（3）每种标本上的病害种类应种类单一，以免影响正确鉴定和使用。

（4）叶部病害标本，采后要及时放在有吸水纸的标本夹内。干部病害、易腐烂的果实或木质、革质、肉质的子实体，采后分别用纸包好，放在采集箱内。

（5）标本要随采随记录。记载的主要内容为：标本号、寄主名称、发病情况、环境条件，以及采集日期、地点、采集人等。同时，每个标本上都要有相应编号的小标签（标本号、采集时间、地点、采集人）。

3. 采集标本时的注意事项

（1）对于不认识的寄主植物应注意采集其枝、叶、花、果实等部分，以便鉴定其名称。

（2）适于干制的标本，应随采随压于采集夹中，否则叶片失水卷缩后无法展平。

（3）腐烂的果实标本及柔软的肉质蕈类标本，应先以标本纸分别包裹，然后置于标本箱中，并且不能装得太多，以免污染和挤坏标本。

（4）各种标本应具有一定的数量（5 份以上），以便于鉴定、保存和交换。

二、园林植物病害标本制作

1. 干制标本的制作

叶片及嫩枝病害标本，可夹在多层吸水纸中，用标本夹夹紧，经常换纸，使其尽快干燥。幼嫩多汁的枝叶及嫩苗病害标本，可夹在脱脂棉中压制；较大枝干和坚果类病害标本、高等担子菌的子实体，要直接晒干、烤干或风干。

2. 浸渍标本的制作

对于肉质菌类、果品、菟丝子等含水分较多的标本，为保持其形状、色泽和症状，常用浸渍法制作标本。

（1）一般浸渍液　只防腐不保色。配方为：福尔马林 50 mL，酒精 300 mL，水 2 000 mL。

（2）绿色标本浸渍液　将醋酸铜粉末缓慢加入 50% 的醋酸溶液中，用玻棒轻轻搅动，直至粉末不再溶解为止，即达到饱和程度，加水稀释 3 ~ 4 倍使用。用时，将此液加热至沸，投入标本继续加温，标本颜色由绿变黄、又由黄变绿至恢复原色，取出用清水漂洗几次，最后保存于无气味保存液（乙醇 150 mL、苯甲酸 1.5 g、硝酸钾 15 g、甘油 10 mL。加水至 1 000 mL）中，或压制腊叶标本均可。

（3）黄色和橘红色标本浸渍液　4% ~ 10% 亚硫酸稀溶液，放入标本，封口保存。

（4）红色标本浸渍液　氯化锌 200 g 溶于 4 000 mL 水中，再加福尔马林 100 mL

及甘油 100 mL，浸渍液过滤后放入标本，封口保存。

标本瓶的封口可取蜂蜡及松香各 1 份，分别熔化，然后混合，并加入少量凡士林调成糊状物即成，用毛笔涂在瓶口与瓶盖连接处。

3. 显微切片的制作

切片时，选择病原着生密集的组织作为切片材料。较硬而厚的材料直接用手指夹住切，软而薄的叶片，用支柱夹持进行切削。右手持刀片，切时，刀口从外向内，自左向右拉动。把切成的薄片放入盛有少许清水的培养皿内。用挑针选取薄片，放在载玻片的水滴中，盖上盖玻片，用显微镜观察。对于典型的切片，需长期保存时，可用指甲油或加拿大树胶封片。

能力培养

植物病害
徒手切片
的制作

园林植物病害标本采集与制作

1. 训练准备

以小组为单位开展工作。准备枝剪、放大镜、镊子、标本夹、标本纸、采集袋、高枝剪、小刀、小锯、相机、实体显微镜、显微镜和记录本、投影仪、挑针、搪瓷盘、塑料袋、标签、载玻片、盖玻片、培养皿、蒸馏水、通心草、小木板等工具。

课前查阅当地园林植物病害的历史资料、病害种类与分布情况。

2. 具体操作

见表 4-3-1。

表 4-3-1　园林植物病害标本采集制作

工作环节	操作规程	操作要求
配制浸渍液	根据当地病害列出所需浸渍液，按配方和比例分别配制各种浸渍液	注意实验室的通风换气；配制浸渍液时，要戴手套、口罩进行操作

续表

工作环节	操作规程	操作要求
制定采集线路	结合实际情况，在苗圃、花圃、公园、绿地、校园附近或实习林场，制定合适采集线路	选定的线路要具有代表性，应尽可能覆盖所要采集标本的范围
采集标本	掌握适当的采集时期，沿选定路线，分组采集植物病害标本；仔细观察寻找植物发病部位，症状要典型，采集时要将病部连同部分健康组织一起采下；及时挂好标签，做好采集记录，同时利用相机拍摄图片	（1）注意标本的典型性和完整性 （2）真菌病害应采集含有子实体的 （3）新病害要有不同阶段的症状表现，以利于病害的诊断 （4）谨慎操作，注意安全
制作干制标本	叶片及嫩枝病害标本，夹在多层吸水纸中，用标本夹夹紧，置于室内通风干燥处；最初 3 天，每天换 2 次纸，之后，每天换 1 次纸，使标本尽快干燥；较大枝干和坚果类病害标本、高等担子菌的子实体，要直接晒干、烤干或风干	（1）适于干制的标本，应随采随压于标本夹中，尤其是容易干燥蜷缩的标本，更应注意立即压制 （2）幼嫩多汁的枝叶及嫩苗病害标本，可夹在脱脂棉中压制 （3）每天要勤换已潮湿的纸张，防止标本腐烂变色 （4）标本瓶封口要严密，防止浸渍液挥发或氧化
制作浸渍标本	含水分较多的标本，为保持其形状、色泽和症状，常用浸渍法制作标本，应根据不同标本类型使用不同种类浸渍液	
制作玻片标本	（1）选取病部，切成 3 mm×5 mm 的小块 （2）将小块病组织置于小木片上，左手食指按紧材料，右手持刀片，把材料切成细丝；也可将病组织夹入胡萝卜（或土豆、接骨木髓心）的切缝中，用左手捏紧通草，右手持刀片，由外向内、从左向右把材料切成细丝，放入培养皿内蒸馏水中 （3）在载玻片中央偏右位置滴 1 滴蒸馏水 （4）将切成细丝的材料 2～3 条，放入水滴中，从一侧开始慢慢放下盖玻片，用吸水纸吸去周边多余水分 （5）置于显微镜下观察	（1）用通草夹病组织切片时，要注意控制用刀方向，以防切手 （2）加盖盖玻片时，先将其一侧与载玻片上的水滴充分接触展布，然后慢慢落下，以防气泡产生 （3）用指甲油或加拿大树胶封片时，盖玻片四周要干净利落
写出植物病害名录	填写表 4-3-2，并分类汇总，填写表 4-3-3	要求植物病害名称规范、完整
病害种类鉴定	通过对照课前查阅的资料确定所制病害，对疑难病害进行初步鉴定	小组讨论，并经教师指导，达成共识

表 4-3-2　园林植物病害标本采集记录表

寄主名称：

病害名称：

采集地点：

产地及环境：坡地□　　平地□　　沙土□　　壤土□　　黏土□

续表

受害部位：根□   茎□   叶□   花□   果实□   其他□
病害发生情况：普遍□   不普遍□   轻□   中□   重□
采集人
采集编号

年   月   日

表 4-3-3   园林植物病害标本汇总表

采集人：   年   月   日

标本编号	寄主名称	病害名称	采集地点	产地及环境	受害部位	病害发生情况

随堂练习

1. 简述园林植物病害标本采集的方法和注意事项。
2. 如何制作园林植物病害浸渍标本?

项目小结

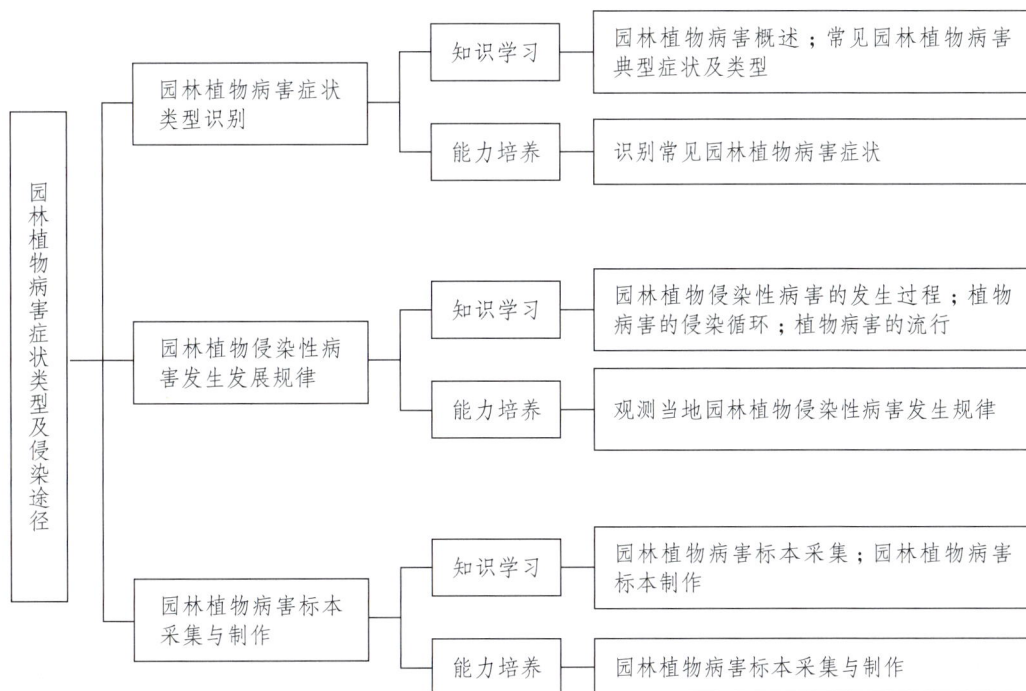

项目测试

一、名词解释

园林植物病害　病原　寄生性病害　生理性病害　症状　病症　病状　病程　侵染循环　初侵染和再侵染　病害流行

二、单项选择题

1. 下列属于病症的是（　　）。

　　A. 溢脓　　　　　　B. 溃疡　　　　　　C. 肿瘤　　　　　　D. 腐烂

2. 桂花叶枯病在后期病斑上长出的小黑点是（　　）。

　　A. 损伤　　　　　　B. 病状　　　　　　C. 病症　　　　　　D. 变态

3．引起非传染性病害的因素有（   ）。

    A．营养不良   B．真菌   C．细菌   D．病毒

4．（   ）环境条件下，对植物病害潜育期长短影响最大。

    A．温度   B．湿度   C．光照   D．营养

5．植物病原菌包括（   ）。

    A．真菌和病毒   B．真菌和细菌   C．病毒和植原体   D．细菌和线虫

三、判断题

1．侵染性病害有病症和病状，而非侵染性病害只有病状，无病症。（   ）

2．锈菌全为专性寄生菌，它们都有转主寄生现象。（   ）

3．细菌一般在中性偏酸环境中生长良好。（   ）

4．利用抗生素如四环素，可预防细菌、植原体等引起的病害。（   ）

5．细菌、植原体、病毒等可通过刺吸式口器昆虫进行传播。（   ）

6．线虫可通过天牛进行传播。（   ）

四、填空题

1．植物侵染性病原的主要类型有：_____。

2．植物病原物的一般越冬场所有：_____。

3．植物病害流行的条件是：_____。

4．植物预防低温危害的方法有：_____。

5．植物预防环境污染的措施是：_____。

6．绿色浸渍液的主要物质是_____，其浸渍方法是：_____。

五、简答题

1．园林植物病害与园林植物损伤有何本质区别？

2．侵染性病害与非侵染性病害在发生特点上有什么不同？

3．简述植物病害流行的条件。

4．病原物的越冬场所有哪些？

5．简述病害标本的采集方法。

六、综合分析题

1．结合校园或当地绿地园林植物病害的发生情况，说说如何预防非侵染性病害的发生。

2．试述如何寻找并利用植物病害侵染循环的薄弱环节，达到控制植物病害的目的。

园林植物病原

项目 4 链接

项目 5

常用杀菌剂及其应用

项目导入

　　这几天，清流嵩溪镇花卉生产基地迎来了一批林校园林绿化专业的同学们，他们将在这里进行为期 3 周的生产实习。在花卉生产基地技术员和指导老师的带领下，同学们分组对种植户黄新亮家大棚栽培的月季进行病害调查。同学们经过认真调查后，有些激动地向技术员展示自己的发现，也说出了心里的困惑："怎么白粉病发生这么严重？""要怎么防治呀？"

　　针对这个问题，技术员向同学们详细讲解了白粉病的发病规律及防治方法，然后带领大家来到大棚边的库房里，让他们参观了防治植物病害的各种药剂和器械，包括贮存在容器内的石硫合剂。

　　园林植物病害的防治首先要能正确诊断病害的种类，然后根据病害类型对症下药，选择合适的杀菌剂，并采取正确的施药方法。本项目主要介绍常用杀菌剂的种类、识别，以及在生产上的应用，并学习如何制备、使用波尔多液和石硫合剂。

任务 5.1　杀菌剂的识别及应用

任务目标

知识目标：

1. 了解杀菌剂的主要种类、特性。
2. 掌握杀菌剂的使用方法。

技能目标：

1. 能识别常用的杀菌剂，正确选择杀菌剂进行病害防治。
2. 能使用常规的器械进行病害防治。

知识学习

一、杀菌剂的识别

杀菌剂是指能够抑制病菌生长、保护植物不受侵害或能够渗进植物内部杀死病菌的化学药剂。杀菌剂可根据作用方式、原料、化学组成等进行分类。

1. 杀菌剂的分类

杀菌剂的分类如图 5-1-1。

其中，保护剂在植物体外（或体内）直接与病原菌接触，杀死或抑制病原，使其不能侵入植物体内，保护植物免受危害。治疗剂施于植物后，能被植物吸收而输送到其他部位发挥杀菌作用，起到治疗效果。

2. 常用杀菌剂简介

常用杀菌剂分无机杀菌剂、有机合成杀菌剂和抗生素类等类别，常用种类详见表 5-1-1。

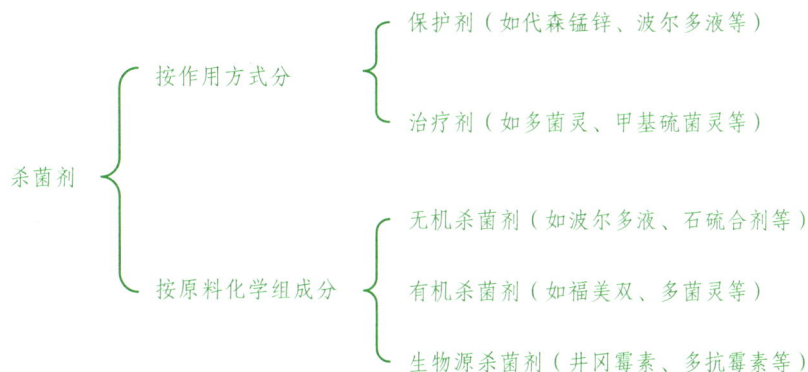

图 5-1-1　杀菌剂的分类

表 5-1-1　常用杀菌剂品种特性一览表

类别	药剂名称	常见剂型	作用方式	使用方法	防治对象	残效期/天	备注
无机杀菌剂	波尔多液	原液	保护	喷雾	霜霉、疫霉等	10～15	对桃、李、梅等易产生药害，不宜使用
	石硫合剂	原液	保护治疗	喷雾	叶斑、锈病、白粉病	8～10	可兼治介壳虫、红蜘蛛
有机合成杀菌剂	代森锰锌	70% 可湿性粉剂	保护	喷雾	广谱	7～10	酸、碱、高温高湿易分解
	百菌清	75% 可湿性粉剂 2.5% 烟剂	保护	喷粉喷雾	广谱	7～10	对鱼类等动物毒性大；梨、柿等果树极敏感
	多菌灵	25% 可湿性粉剂 50% 可湿性粉剂	保护治疗	喷雾	广谱	7～10	不能与碱性及铜制剂混用
	甲基硫菌灵	50% 可湿性粉剂 70% 可湿性粉剂	保护治疗	喷雾	广谱白粉、炭疽	5～7	不能与碱性及铜制剂混用
	三唑酮	25% 可湿性粉剂 20% 乳油	保护治疗	喷雾、种子处理	锈病、白粉病	14	用于拌种时，严格掌握用量，防止产生药害

续表

类别	药剂 名称	常见 剂型	作用 方式	使用 方法	防治对象	残效期 / 天	备注
抗 生 素 类	井冈霉素	5% 可溶 性粉剂	治疗	喷雾	立枯、 根腐等	10 ～ 15	
	多抗霉素	10% 可湿 性粉剂 3% 水剂	治疗	喷雾	霜霉、白粉、 叶斑	10 ～ 15	在酸性和中性环 境中比较稳定，在 碱性环境中不稳定
	农用 链霉素	15% 可湿 性粉剂	治疗	喷 雾、注 射、灌根	细菌病害		与其他抗生素、 杀菌剂混用，可提 高药效，并可避免 病菌产生抗药性

二、杀菌剂的应用

在园林植物栽培养护中，杀菌剂常见的使用方法主要有：叶面喷施，种苗球茎消毒和土壤消毒等。

1．叶面喷施

（1）叶面喷施的防病效果　叶面喷施是针对气流传播的病害采用喷雾的方法，使药液均匀周到地散布在植物表面，防治效果好。常用剂型有可湿性粉剂、乳油、悬浮剂、水剂等。

（2）叶面喷施注意事项

·根据植物种类和病原种类选择药剂和浓度。

·根据病害发生规律确定喷药时间和次数。

·根据杀菌剂的作用机理进行交替用药。

2．种苗球茎消毒

（1）种苗处理的防病效果

种苗包括种子、块根、块茎、鳞茎、插条、接穗、苗木及其他用于繁殖的器官。许多植物病害是由种苗传播的，进行种苗处理不仅可以杀死种苗上的病原菌，同时也可以防止土传病害的侵染。常用的药剂有拌种双、福美双等。

（2）种苗处理的方法

·浸种或浸苗：指将种子或幼苗浸泡在一定浓度的药液里，用以消灭种子幼苗所带的病菌。浸种或浸苗时要注意药液的浓度、浸泡的时间。

·拌种：指在播种前用一定量的药粉或药液与种子搅拌均匀，用以防治种子传染的病害。拌种分为干拌和湿拌：药剂为粉状时可与种子干拌，一般用药量是种子重的 0.2% ~ 0.5%；药剂为液体时，加适量水与种子湿拌，一般用药量是种子重的 0.2% ~ 0.3%，有时要结合闷种进行。

·闷种：指把种子摊在地下，把稀释好的药液均匀地喷洒在种子上，并搅拌均匀，然后堆起熏闷，并用麻袋等物覆盖，经一昼夜后晾干即可。

·种衣法：指利用黏着剂或成膜剂，用特定的种子包衣机将杀菌剂（种衣剂）等包裹在种子外面，以达到提高种子抗病性的一项种子加工技术。

3. 土壤消毒

（1）土壤消毒的防病作用 土壤是许多病原物栖居的场所，是初次侵染的重要来源。所以为土壤消毒是防治植物病害的重要方法。

·栽植前土壤消毒：使用药剂时，为保证药效，要根据土壤种类来确定用药量和使用方法。为保证植物种植后不产生药害，施药后 2 ~ 4 周种植植物为宜。施药品种有五氯硝基苯、氯化苦等。

·生长期土壤消毒：一是可以防治根部、茎基部病害，二是可以利用内吸性药剂防治地上部病害，但要注意药剂种类的选择和使用浓度，以免产生药害。

（2）土壤处理的方法

·浇灌 用水溶性药液，按 5 kg/m² 左右的量浇灌。

·沟施 将药粉或药液均匀撒入第 1 犁的沟底，用第 2 犁翻上的土将药剂盖住，此法不适合过于黏重的土壤。

·撒布 将药剂施于土壤表面，然后翻犁，使药剂翻入土下。

·注射 用土壤注射器，按一定药量和孔距施入土壤中。

除了上述方法外，对园林植物病害还可使用输液法、根基插入药瓶法等。

能力培养

常用杀菌剂的识别及使用

1. 训练准备

以小组为单位在校园或苗圃、花圃进行杀菌剂的识别及使用的任务。准备 50% 多菌灵可湿性粉剂、25% 三唑酮乳油、25% 丙环唑乳油、45% 百菌清烟剂、42% 噻菌灵悬浮剂、3% 多抗霉素水剂、50% 井冈霉素可溶性粉剂等药剂，以及喷雾器、水桶等用具和材料。课前查阅介绍有关杀菌剂及其使用方法的资料。

2. 具体操作

见表 5-1-2。

表 5-1-2　杀菌剂的识别及其使用

工作环节	操作规程	操作要求
调查校园病害	调查校园或苗圃、花圃园林植物病害发生情况，按照木本、灌木、草本分别统计调查结果，对发生较严重的病害，确定防治方案	（1）调查要细致全面，根据症状特点，正确诊断植物病害的类型 （2）谨慎操作，注意安全
识别与选择杀菌剂	（1）观察杀菌剂的种类和性状，辨别不同种类、不同剂型的杀菌剂在颜色、形态、气味等物理性状上的差异，并填表 5-1-3 （2）识读农药标签，了解杀菌剂的作用机理、有效成分含量、毒性、防治对象等内容 （3）根据上述结果，选择合适的杀菌剂	（1）遵守农药安全操作要求，注意识别农药时不能将鼻子凑近闻，应用右手将瓶口气味扇向鼻子，轻闻即可；注意，毒性大的农药不能用此方式识别 （2）杀菌剂的选择要考虑植物种类，以及校园安全等因素 （3）认真填写观察识别记录表
病害防治作业	根据上述时病害轻重程度的判断选取防治区域，对校园草坪病害、绿篱病害、小乔木上的病害进行防治： （1）按农药稀释要领，稀释所选杀菌剂 （2）按加药规程进行操作，将稀释好的药液倒入喷雾器药箱内 （3）对需要防治的苗木及树木进行喷雾 （4）完成施药作业后，对药械进行维护保养	（1）遵守农药使用操作规程，注意安全防护。 （2）喷雾时，要戴好口罩、手套，站在上风口，顺风喷施 （3）喷雾要求均匀周到 （4）注意药械的使用与保养要领

续表

工作环节	操作规程	操作要求
效果评价	1～2 周后，检查喷药后的杀菌效果，填写表 5-1-4；总结分析资料，写出防治报告，将资料归档	统计防治前后的发病率，各小组进行对比、分析，总结杀菌剂的使用操作要领，并提出改进措施

表 5-1-3　主要杀菌剂的理化性状及使用特点

序号	药剂名称	剂型	有效成分含量	颜色	气味	毒性	主要防治对象

表 5-1-4　病害防治效果检查

小组	病害类型	寄主植物	药剂名称	防治方法	防治效果检查	评价

随堂练习

1. 常用的杀菌剂有哪些？
2. 杀菌剂的常规施药方法有哪些？

任务 5.2　波尔多液的配制及使用

任务目标

知识目标：

1. 掌握波尔多液的配制方法。
2. 了解波尔多液配制和使用的注意事项。

能力目标：

1. 会配制波尔多液并进行质量检查。
2. 能使用波尔多液进行病害防治。

知识学习

波尔多液是一种天蓝色的胶状悬浮液，有效成分为碱式硫酸铜，是常用的防治植物病害保护剂。

一、波尔多液的配制

1. 配制的原料和比例

配制波尔多液的原料为硫酸铜、生石灰和水，有多种配比，使用时可根据植物对铜或石灰的忍受力，以及防治对象和防治季节选择配制（表 5-2-1）。

表 5-2-1　波尔多液各配制法用料比例

原料	1%石灰 半量式	1%石灰 等量式	0.5%石灰 倍量式	0.5%石灰 等量式	0.5%石灰 半量式
硫酸铜	1	1	0.5	0.5	0.5
生石灰	0.5	1	1	0.5	0.25
水	100	100	100	100	100

注：半量式、等量式和倍量式，是指石灰相对于硫酸铜的比例；配制浓度 1%、0.5%，是指硫酸铜的用量。

2. 配制注意事项

（1）选料 生石灰应选优质、色白、质轻、新鲜的块状生石灰，视杂质含量的多少应补足生石灰用量。硫酸铜应选青蓝色、有光泽的硫酸铜结晶体。

（2）配制容器 严禁用金属容器配制波尔多液，因金属容器会将硫酸铜中的铜析出，降低药效。配置后的波尔多液以木桶或塑料桶盛装为宜。

（3）冷却 两溶液混合前，生石灰溶液应冷却至常温，否则极易沉淀。

（4）一次配制 按硫酸铜、生石灰、水的比例一次配成，不能先配成浓缩的波尔多液再加水稀释，否则就会形成沉淀和结晶而影响质量，还易产生药害。

（5）混合顺序 混合时将稀硫酸铜缓慢加入浓石灰乳中，或将相同浓度的硫酸铜和石灰乳同时倒入第三容器，而不能将生石灰乳倒入稀硫酸铜中，这样配成的波尔多液极不稳定，易出现沉淀；也不能将浓硫酸铜倒入生石灰水中，这样配成的波尔多液不稳定、质量差。

二、波尔多液的应用

1. 使用方法和防治对象

波尔多液广泛应用于植物病害的防治上，对真菌引起的霜霉病、疫霉病、炭疽病、叶斑病、猝倒病等有良好的防治效果，但对白粉病和锈病防治效果差。

波尔多液在使用时直接喷雾，一般药效约为 15 天。施药必须掌握最佳时期，应在病害发生前或发生初期进行。一般每隔 10 ～ 15 天喷施 1 次，连续 2 ～ 3 次。使用内吸剂防治的同时，也可用波尔多液，可收到良好的防治效果，并能避免病菌产生抗药性。

2. 使用注意事项

（1）喷洒时间 应选晴朗、无露水的时间喷洒波尔多液，以免产生药害。夏季应避开中午高温强光时分，否则易灼伤叶片。

（2）随配随用 药液配制好后，应立即使用，不能储存。储存时间过长的药液效果差，还易产生药害。

（3）药害 植物花期不能使用，以防产生药害。不宜在桃、李、杏、梅上使用，以免发生铜药害。易受石灰药害的植物，如葡萄，可用石灰半量式波尔多液。

（4）间隔期 在植物上施用波尔多液后一般要间隔 20 天才能施用石硫合剂；

喷施石硫合剂后一般也要间隔 15 天才能喷施波尔多液。

（5）混用种类　波尔多液为强碱性农药，不能与石硫合剂、多菌灵、托布津等大多数农药混合使用。

（6）器械维护　喷过波尔多液的药械要及时清洗干净，防止腐蚀。

能力培养

波尔多液的配制及使用

波尔多液配
制及质量检

1．训练准备

以小组为单位在校园或某一苗圃、花圃进行波尔多液的配制及施用作业。准备硫酸铜、生石灰、风化石灰、天平、烧杯、量筒、玻棒、试管、试管架、牛角勺、石蕊试纸、铁丝、盛水容器、木棒、喷雾器、水桶等工具和材料。

2．具体操作

见表 5-2-2。

表 5-2-2　波尔多液的配制及使用

工作环节	操作规程	操作要求
准备材料和工具	准备配制波尔多液所需要的材料和用具，按照配方比例准确称量药品	天平使用前要进行校对
配制波尔多液	以小组为单位，分别用以下三种方式配制 1% 等量式波尔多液 1 L： （1）两液同时注入法：用 1/2 水溶解硫酸铜，用另 1/2 水溶化生石灰，然后将两液同时注入第三容器，边倒边搅拌即成 （2）稀硫酸铜液注入浓石灰乳法：用 4/5 水溶解硫酸铜，用另 1/5 水溶化生石灰，然后将稀硫酸铜液缓慢倒入浓石灰乳中，边倒边搅拌 （3）用风化已久的石灰代替生石灰：用 4/5 水溶解硫酸铜，用另 1/5 水溶化熟石灰，然后将稀硫酸铜液倒入浓石灰乳中，边倒边搅拌	（1）硫酸铜与生石灰要研细，若用块状石灰加水消解时，一定要用少量水慢慢加入，使生石灰逐渐消解化开。不要离操作面太近，避免将石灰溅入眼中 （2）用熟石灰代替生石灰时，应增加 1/3 用量 （3）倾倒混配药液时，要顺着一个方向快速搅拌，促使药液充分反应

续表

工作环节	操作规程	操作要求
鉴别质量	（1）物态观察：观察比较不同方法配制的波尔多液的质地和颜色，质量优良的波尔多液应为天蓝色胶状悬浮液 （2）酸碱测试：用石蕊试纸测定酸碱度 （3）铁丝反应：用磨亮的铁丝插入波尔多液片刻，观察铁丝上有无镀铜现象，以不产生镀铜现象为好 （4）沉淀测试：将制成的波尔多液装入 100 mL 量筒中静置 90 分钟，按时记载沉淀情况，沉淀越慢越好，沉淀后上部清水层越少越好 （5）将上述观测结果填入表 5-2-3 波尔多液质量鉴定表	（1）谨慎操作，注意安全 （2）细致观察，根据药液的颜色、悬浮率、酸碱度、铁丝反应、沉淀速度等判断药液质量。
防治校园病害	配制 100 kg 1% 等量式波尔多液，结合校园园林植物春季病害的防治，按照表 5-2-4 的作业设计与要求喷施波尔多液，每隔 10 ～ 15 天喷施 1 次，连续 2 ～ 3 次	（1）遵守农药使用操作规程，注意安全防护 （2）喷药要细致全面均匀
检查验收与效果评价	1 ～ 2 周后按作业设计要求进行防治效果的检查与评价。各小组对数据进行对比分析，总结波尔多液配制、使用的操作要领，写出包括防治目的、防治项目、防治材料、防治方法、结果分析和结论等内容的防治报告，并将外业调查的原始数据，内业资料统计、防治报告等资料编号归档	（1）比较不同方法配制波尔多液的优劣，讨论分析原因 （2）注意防治前后调查数据的收集、对比

表 5-2-3 波尔多液质量鉴定表

试样编号	悬浮率 /%			颜色	石蕊试纸反应	铁丝反应	滤液吹气反应
	30 min	60 min	90 min				
1							
2							
3							
4							

表 5-2-4 波尔多液喷雾作业设计与要求

作业流程	作业内容	作业要求
选择作业区	结合校园园林植物叶部病害发生情况，选择适宜的喷雾作业区	较大的植物以株数为单位；绿篱植物以长度为单位

续表

作业流程	作业内容	作业要求
设置重复与对照	（1）本次药效试验设计采取随机区组设计，设 3 个处理（3 种不同方法所配制的波尔多液）和 1 个对照（一般采用喷清水），3 个重复（区组） （2）每个处理，较大的植物为 10 ~ 20 株，绿篱植物 15 ~ 20 m	（1）每个重复（区组）中包括每一种处理（含对照），同时，任何一种处理只能出现 1 次。每组试验的前后施药时间尽量缩短（可由教师将全班分成 4 个小组，每组做不同处理），施药要均匀、准确 （2）不同处理在作业区内应随机分布 （3）于发病之前施用，以阻止病菌侵入
调查取样方法	（1）必须在喷雾作业前检查病害发生危害的基数，施药后的一定时间内再次检查病害的发展变化情况 （2）通常采用平行线取样法选取样株（行道树隔株取样）5 ~ 10 株，每株按树冠的东、南、西、北、中 5 个方位，每个方位各抽取 20 ~ 30 个叶片调查	有些病害，在不同植株上或同一植株的不同部位，危害程度有轻重之别，可以根据叶上的病斑数多少分为若干等级（如分为 Ⅰ、Ⅱ、Ⅲ、Ⅳ、Ⅴ 五级），然后分别检查药剂防治区和对照区的各级病叶数，计算防治区和对照区的病情指数，根据防治区与对照区的病情指数计算防治效果
药效调查	在施药前及施药后 7 天、10 天、15 天，统计感病株数和感病叶片数	调查药效时，要记载喷雾作业全过程和环境情况，包括：作业地点、供试植物种类（品种）、防治对象（病虫害）名称、感病指数、重复（区组）、各处理排列方式；药剂、施药日期和施药量；施药方法、使用机具；气象条件；调查方法、调查数据、药害情况
药效分析	根据计算获得 3 个处理及对照区叶部病害的发病率和感病指数（参照任务 6.1 园林植物病害调查）；根据防治前后的发病率和感病指数及对照区发病率和感病指数，计算防治效果	$防治效果 = \dfrac{对照区病情指数 - 防治区病情指数}{对照区病情指数} \times 100\%$

随堂练习

1. 优良的波尔多液应具备哪些特点？
2. 波尔多液的使用要注意哪些事项？

任务 5.3　石硫合剂的熬制及使用

任务目标

知识目标：

1. 掌握石硫合剂的熬制方法。
2. 了解石硫合剂熬制和使用注意事项。

技能目标：

1. 会熬制石硫合剂并进行质量测定。
2. 能用石硫合剂进行有害生物防治。

知识学习

　　石硫合剂是由生石灰、硫黄和水熬制而成的红褐色透明液体，呈强碱性，有强烈的臭鸡蛋气味，杀菌有效成分为多硫化钙，低毒。

　　石硫合剂是一种良好的杀菌、杀螨、杀虫剂，可防治多种园林植物病害，尤其对锈病、白粉病最有效，对介壳虫、虫卵和其他一些害虫也有较好的防治效果，但不能防治霜霉病。

一、石硫合剂的熬制

1. 原料和比例

　　石硫合剂主要原料为硫黄、生石灰和水，按硫黄粉∶生石灰∶水（2∶1∶10）的比例强火熬制 40 ～ 60 分钟。

2. 熬制注意事项

　　（1）材料选择要细致　石硫合剂原液质量的好坏，取决于所用原料生石灰和硫黄粉的质量。生石灰质量对原液质量影响最大，所用的生石灰要呈块状、白色、质轻，含杂质少而未吸湿风化。杂质过多的生石灰及粉末状的消石灰不能采用。硫黄粉要细，块状硫黄要加工成硫黄粉后使用。

（2）**正确选择容器**　忌用铜、铝器具，石硫合剂属强碱性药剂，熬制和贮存时，不能用铜、铝容器，可用铁质或陶瓷容器。

（3）**贮藏时应密闭隔氧**　由于多硫化钙的性质很不稳定，易被空气中的氧、二氧化碳分解，原液面结成一层硬皮，底部产生沉淀，药效降低。原液贮藏时必须用小口容器（塑料桶、瓦坛罐）密封，并在液面滴加少许油，使之与空气隔绝，可延长贮藏期。经过稀释的药液现配现用，不宜贮藏。

（4）**注意安全**　石硫合剂腐蚀性强，应注意防护，避免造成对人的眼睛、鼻黏膜、皮肤的刺激和损伤。

二、石硫合剂的应用

1．原液的稀释

石硫合剂的使用浓度要根据植物种类、防治对象、气候条件、使用时期等不同而定。使用前需用波美计测量原液的密度，用波美度（°Be）表示，并根据所需浓度计算出稀释的加水量，质量稀释倍数可按下列公式计算。

$$加水倍数 = \frac{原液浓度 - 稀释后浓度}{稀释后浓度}$$

2．石硫合剂的使用

石硫合剂常见剂型有29%水剂、30%固体剂、45%结晶。石硫合剂经稀释可以直接喷雾使用，或用作树干涂白、伤口处理。

生长季节使用0.3～0.5°Be，每15天喷1次，至发病期结束；植物休眠期使用3～5°Be，铲除越冬病菌、介壳虫、虫卵等。

3．使用注意事项

（1）**掌握适宜的使用时期**　植物休眠期和早春萌芽前，是使用石硫合剂的最佳时期，植物花期不宜喷施。桃、李、梅等蔷薇科植物和紫荆、合欢等豆科植物对石硫合剂敏感，应慎用，可采取降低浓度或选用安全时期用药，以免产生药害。

（2）根据气候条件及防治对象来确定使用浓度　夏季气温在 32℃以上，早春气温在 4℃以下，均不宜施用石硫合剂。稀释用水温度不得超过 30℃。

（3）掌握好与其他药剂混用和间隔使用　石硫合剂呈强碱性，不能与大多数忌碱性农药品种混用，如果混用不当，或前后使用间隔时间不足，会降低药效，引起药害。也不能与波尔多液等碱性药剂或机油乳剂、松脂合剂、铜制剂混用，否则会发生药害。在喷石硫合剂后，要间隔 7 ~ 15 天，才能喷波尔多液；先喷波尔多液或机油乳剂的，要间隔 15 ~ 20 天以后才能喷石硫合剂，以免发生药害。

（4）器械维护　喷过石硫合剂的药械，必须及时清洗干净，以免腐蚀损坏。

能力培养

石硫合剂的熬制及使用

1. 训练准备

以小组为单位在校园或教学实训基地进行石硫合剂的熬制及使用作业。准备生石灰、硫黄粉、磅秤、铁锅、木棒、水桶、石蕊试纸、波美计（彩图 35）、喷雾器、水桶等工具和材料。

2. 具体操作

见表 5-3-1。

表 5-3-1　石硫合剂的熬制及使用

工作环节	操作规程	操作要求
准备材料和用具	硫黄：生石灰：水按照 2：1：10 的配比称量硫黄粉 1 kg、生石灰 0.5 kg、水 5 kg	（1）称量要准确 （2）注意安全

续表

工作环节	操作规程	操作要求
熬制石硫合剂	（1）先将硫黄粉研细，用少量热水调成糊状 （2）把生石灰放入铁桶中，用少量水将其溶解开，调成糊状，倒入铁锅中并加足水量，然后用火加热 （3）在石灰乳接近沸腾时，把调好的硫黄浆自锅边缓缓倒入锅中，边倒边搅拌，并记下水位线 （4）用大火熬煮 40～60 分钟左右，期间用热开水补足蒸发的水量至水位线 （5）待药液熬至暗红褐色、捞出的渣滓呈黄绿色时停火 （6）冷却过滤出渣滓，得到红褐色透明的石硫合剂原液	（1）不能使用铜、铝容器 （2）生石灰应选质轻、色白、纯净的块状生石灰，硫黄以粉状为宜 （3）注意安全，防止药液损伤皮肤，溅入眼睛 （4）熬煮过程中，切忌加冷水或一次加水过多，补足水量应在撤火 15 分钟前进行 （5）熬制过程中，注意火力要强而匀，使药液保持沸腾而不外溢，并顺着一个方向不停地搅拌 （6）储存时应将药液上覆一层油密闭隔氧
测定原液浓度	（1）将冷却的原液倒入量筒，用波美计测定原液的浓度（波美度） （2）观察原液的色泽 （3）用石蕊试纸测原液的 pH	（1）注意药液的深度应大于波美计的长度，使波美计能漂浮在药液中 （2）重复测定 3 次，求平均值 （3）读数以下面一层药液面为准
填写记录表	将测定结果填入表 5-3-2 质量检测表。如果所熬制的石硫合剂母液浓度在 22°Be 以下，讨论、分析原因	（1）认真填写质量检测记录表 （2）各小组对结果进行分析、讨论，评价所熬制的原液质量优劣
防治校园病虫害	结合校园或实训基地园林植物病虫害的防治工作，参照表 5-2-4 的喷雾作业设计与要求，进行石硫合剂的稀释和喷雾作业： （1）根据防治对象和季节，确定使用浓度 （2）根据所需浓度计算出稀释的加水量，并稀释好石硫合剂	（1）遵守农药使用操作规程，注意安全防护 （2）注意石硫合剂与其他农药的施用间隔时间和混合原则 （3）喷药要细致全面均匀
检查验收与效果评价	1～2 周后（按作业设计要求进行防治效果的检查与评价，各小组对数据进行对比分析，总结石硫合剂熬制、使用的操作要领，写出防治报告，将资料归档	（1）注意防治前后调查数据的收集、对比 （2）全班进行交流、评价，讨论、分析原因

表 5-3-2 石硫合剂质量检测记录表

项目	波美度 /°Be				药液颜色	酸碱测定	质量评价
小组	1	2	3	平均值			

随堂练习

1. 熬制石硫合剂要注意哪些事项？
2. 说说石硫合剂的使用方法。

项目小结

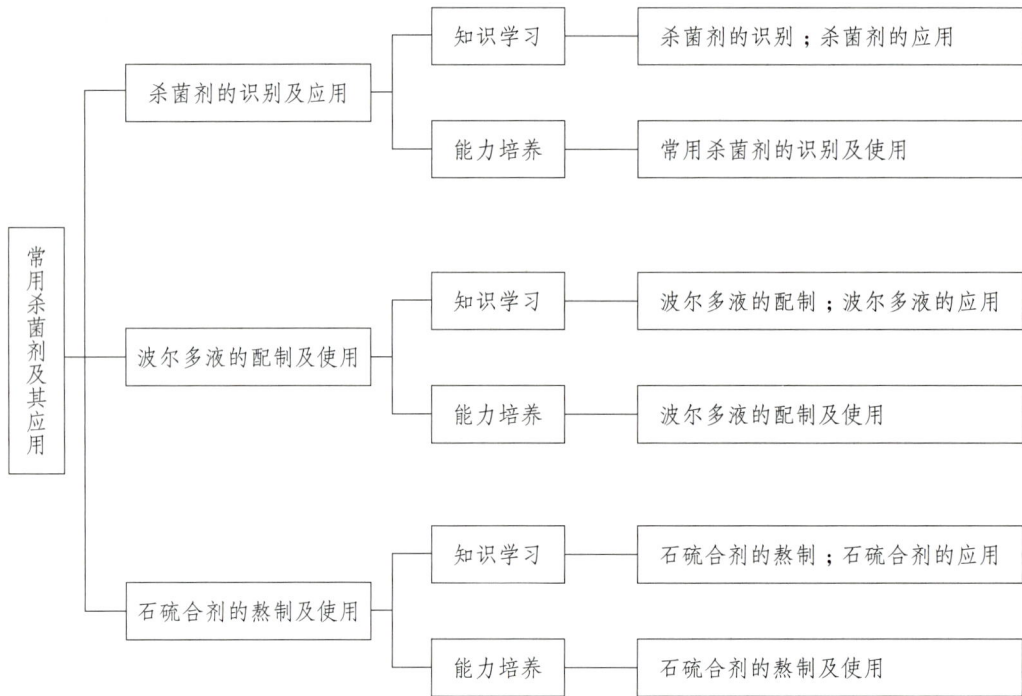

项目测试

一、填空题

1. 杀菌剂按作用方式分为 _____ 剂、_____ 剂和 _____ 剂。

2. 具有广谱杀菌效果的杀菌剂有 _____ 、_____ 、_____ 、_____ 、_____ 等。

3. 波尔多液的配制原料为 _____ 、_____ 和 _____ ，其有效成分为 _____ 。

4. 石硫合剂在生长季节使用浓度为 _____ ，休眠季节使用浓度为 _____ 。

5. 波尔多液在 _____ 喷施效果最好，喷完波尔多液要间隔 _____ 天才能喷施石硫合剂，而喷完石硫合剂后，要间隔 _____ 天才能喷施波尔多液。

二、单项选择题

1. 石硫合剂的有效成分是（　　　）。

　　A. 硫酸钙　　　　　B. 亚硫酸钙　　　C. 硫代硫酸钙　　D. 多硫化钙

2. 农用链霉素主要用于防治（　　　）病害。

　　A. 真菌　　　　　　B. 细菌　　　　　C. 病毒　　　　　D. 线虫

3. 叶面喷施杀菌剂主要是针对气流传播的病害，通常采用（　　　）方法。

　　A. 喷粉　　　　　　B. 放烟　　　　　C. 喷雾　　　　　D. 注射

4. 下列杀菌剂中，对锈病和白粉病效果均好的是（　　　）。

　　A. 波尔多液　　　　B. 石硫合剂　　　C. 农用链霉素　　D. 五氯硝基苯

5. 下列杀菌剂中只有保护作用的是（　　　）

　　A. 石硫合剂　　　　B. 波尔多液　　　C. 井冈霉素　　　D. 多菌灵

三、简答题

1. 举例说明保护性杀菌剂的主要特点。

2. 杀菌剂的主要施用方法有哪些？

3. 怎样能延缓或克服病菌抗药性的形成？

四、综合分析题

　　根据校园园林植物病害发生情况，设计一个病害综合治理的方案，并指出采用化学防治的具体实施方法和步骤。

利用园林栽培技
术防治病害简介

项目 5 链接

园林植物常见病害及其防治

任务 6.1　园林植物病害调查
任务 6.2　叶部病害诊断及防治
任务 6.3　枝干病害诊断及防治
任务 6.4　根部病害诊断及防治

项目导入

在内蒙古自治区美丽的塞外小苏杭扎兰屯市，有一个吊桥公园，公园里生长着茂盛的树木、花草。有一天，在公园游玩的张兵发现樟子松和油松的松针上有褐色斑点，不远处的丁香树叶片上覆盖着一层白色的粉状物，一路美景，到这儿失色不少呐。张兵看着这些植物，正惋惜着，一位工作人员背着药箱过来准备打药，张兵连忙赶上前探问，工作人员告诉张兵："这是松针红斑病和丁香白粉病，是由病原菌引起的，好在发现及时，打打药就会恢复正常的。"

园林植物病害防治技术是园林绿化工作中的一项重要内容。经常到苗圃及园林绿地中进行病害调查，才能及时发现并防治病害，以保证园林植物健康生长，提高其观赏效果和经济价值。本项目主要介绍常见园林植物病害的调查方法、诊断方法及防治技术。

任务 6.1　园林植物病害调查

任务目标 🍃

知识目标：

1. 学会植物病害调查的一般方法。
2. 了解本地区常见园林植物病害的种类、分布、危害及发生规律。

技能目标：

1. 熟悉调查资料的整理、计算和分析。
2. 能进行不同类型植物病害的普查和专题调查。
3. 能根据调查结果制订合理的综合防治方案。

知识学习 🍃

　　园林植物病害调查可分为普查和专题调查。普查是对较大面积的园林植物进行病害的全面调查。专题调查是对某一地区危害较重的病害进行深入细致的专门调查，专题调查一般是在普查的基础上，通过专题调查深入了解重要病害的分布、发病率、损失、环境影响和防治效果等。深入园林现场搜集第一手资料，称为踏查。踏查是病虫害调查过程中最基本的环节。

一、园林植物病害调查准备

　　进行病害调查之前需要收集当地的病害发生历史资料、自然地理概况和经济状况，拟订调查计划，确定调查方法，设计调查用表，准备好调查用仪器和工具，做好调查人员的技术培训等。

二、踏查

选取踏查路线参照项目三"园林植物害虫的调查"。根据踏查所得资料，确定主要病害种类，初步分析花木衰弱、枯萎和死亡原因，绘制主要病害分布草图并填写踏查记录表（表6-1-1）。

表6-1-1 园林植物病害踏查记录表

调查日期：		调查地点：					
绿地概况：							
调查总面积：		受害面积：					
卫生状况：							
树种	被害面积	病害种类	危害部位	危害程度	分布状态	寄主情况	备注

危害程度常分为轻微、中等、严重3级，分别用"+""++""+++"符号表示，详见表6-1-2。

表6-1-2 园林植物病害危害程度划分标准表

部位	轻微（+）	中等（++）	严重（+++）
叶部（叶）	30%以下	31%～60%	61%以上
枝梢（梢）	20%以下	21%～50%	51%以上
根部和树干（株）	10%以下	11%～20%	21%以上
种实（个）	10%以下	11%～20%	21%以上

三、样地调查

样地调查是在踏查的基础上设置样地，调查园林植物的发病率和病情指数。发病率是指感病株数占调查总株数的百分率，表明病害发生的普遍性。

$$发病率 = \frac{感病株数}{调查总株数} \times 100\%$$

病情指数又称感病指数，是园林植物感病程度的指标。在 0 ~ 100 之间，它既表明病害发生的普遍性，又能表明病害发生的严重性。测定方法是：先将样地内的植株按病情分为健康、轻害、中害、重害、枯死等若干等级，并以数值 0、1、2、3、4 代表，统计出各级株数后，按下列公式计算：

$$病情指数 = \frac{\sum(病情等级代表值 \times 该等级株数)}{总株数 \times 最重一级的代表值} \times 100$$

调查时，可从现场采集标本，按病情轻重排列，划分等级。植物病害分级标准如表 6-1-3，表 6-1-4。

表 6-1-3　枝、叶、果病害分级标准

级别	代表值	分级标准
1	0	健康
2	1	1/4 以下枝、叶、果感病
3	2	1/4 ~ 2/4 枝、叶、果感病
4	3	2/4 ~ 3/4 枝、叶、果感病
5	4	3/4 以上枝、叶、果感病或死亡

表 6-1-4　树干病害分级标准

级别	代表值	分级标准
1	0	健康
2	1	病斑的横向长度占树干周长的 1/5 以下
3	2	病斑的横向长度占树干周长的 1/5 ~ 3/5
4	3	病斑的横向长度占树干周长的 3/5 以上
5	4	全部感病或死亡

四、调查资料的统计与整理

1.调查资料的计算

外业调查所得数据必须经过整理计算,才能大体说明病害的数量和造成的危害水平。计算通常采用算术平均数计算法或平均数的加权计算法。

2.调查资料的整理

(1)鉴定病原种类。

(2)汇总、统计外业调查资料,进一步分析病害流行的原因。

(3)写出调查报告。报告内容包括:

·所调查地区的概况,包括自然地理环境、社会经济情况、绿地概况、园林绿化生产和管理情况,以及园林植物病害情况等。

·调查成果的综述,包括主要病害种类、危害程度和分布范围、发生特点、发生原因及分布规律、主要病害各论,以及检疫性有害生物和疫区情况等。

·病害综合治理的措施和建议。

·附录,包括调查地区园林植物病害名录,主要病害发生面积汇总表及分布图等。

(4)调查的原始资料装订、归档,制作标本并保存。

能力培养

当地（公园、苗圃等）园林植物叶部病害防治

1.训练准备

以小组为单位开展园林植物病害调查工作。准备标本夹、标本纸、标本箱、标本袋、放大镜、修枝剪、标签、采集记录本等工具。课前查阅当地园林植物病害的历史资料、病害种类与分布情况等。

2.具体操作

见表 6-1-5。

表 6-1-5　当地园林植物病害调查表

工作环节	操作规程	操作要求
确定调查对象及内容	选择当地苗圃、绿地或公园，调查常见植物各类型植物病害的种类，普查和详查相结合	（1）调查地点选择要有代表性 （2）借助修枝剪等工具野外采集叶、果、枝病害标本时，要注意安全
制订调查计划并编制调查表	根据确定的调查对象制订调查计划，编制调查表格；记录表要包括植物病害的种类、数量、分布、危害程度等项目（表 6-1-6）	出发前，必须先准备好记录表
现场调查	（1）踏查：可沿园路、人行道或自选路线，采用目测法边走、边查、边记录，并随时采集标本，挂好标签 （2）详查：根据实际情况，选取 2～3 个标准地，每个标准地 100 m²；按一定的抽样方式选取样株，逐株调查；采集病害标本，认真填写详查表格（表 6-1-7，表 6-1-8，表 6-1-9） （3）苗木病害调查：在苗床上，设置大小为 1 m² 的样地，样地数量以不少于被害面积的 0.3% 为宜；在样地上对苗木进行全部统计，或对角线取样统计，分别记录健康、感病、枯死苗木的数量；同时记录圃地的各项因子，如创建年份、位置、土壤、杂草种类及卫生状况等，并计算发病率 （4）枝干、叶部病害调查：在发生枝干病害的绿地中，选取不少于 100 株的地段做样地。在样地中选取 5%～10% 的样株，每株调查 100～200 个叶片；被调查的叶片应从样株的不同部位选取	（1）要涵盖调查地区的不同植物地块及有代表性的不同状况的地段，不要有遗漏 （2）每条路线之间的距离一般在 100～300 m 之间。花圃、绿化区面积小，踏查路线距离可在 10～30 m 或更小 （3）采集标本要完整，记录要详细
调查资料整理总结	整理调查资料，列出植物病害名录，计算发病率和病情指数，完成调查表并撰写病情调查报告	资料全面，数据准确；分析病害的发生发展趋势，并提出综合防治建议

表 6-1-6　园林植物病害调查记录表

序号	病害名称	病原	寄主	病状	病症	危害程度

表 6-1-7 苗木病害调查表

调查日期	调查地点	样方号	树种	病害名称	苗木状况和数量				发病率	死亡率	备注
					健康	感病	枯死	合计			

表 6-1-8 枝干病害调查表

调查日期	调查地点	样方号	树种	病害名称	总株数	感病株数	发病率	病害分级					病情指数	备注
								1	2	3	4	5		

表 6-1-9 叶部病害调查表

调查日期	调查地点	样方号	植物种类	样株号	病害名称	总叶数	病叶数	发病率	病害分级					病情指数	备注
									1	2	3	4	5		

随堂练习

1. 为什么要进行样地调查?

2. 简述园林植物病害调查的方法。

3. 怎样计算园林植物病害的发病率和病情指数?

任务6.2　叶部病害诊断及防治

任务目标

知识目标：

1. 了解叶部病害的危害特点、症状鉴别和发病规律。
2. 掌握叶部病害的防治方法。

技能目标：能利用叶面喷施、室内熏蒸等方法进行园林植物叶部病害防治。

知识学习

一、叶部病害的危害特点、症状鉴别

在自然情况下，叶部病害发生最为普遍，种类也最多。叶部病害常引起叶片的斑驳、枯焦、变形，花的提前脱落等，直接影响园林植物的观赏价值，尤其是对观叶植物的影响更甚。

叶部病害的危害特点是：①初侵染源主要来自病落叶，潜育期短，有多次再侵染发生；②叶部病害主要通过风、雨等传播，病害的扩展一般很快，传播面广；③常引起叶片斑驳和破损，导致提早落叶，减少光合作用产物的积累，削弱花木的生长势，并诱发其他病虫害的发生。

园林植物叶部病害种类繁多，症状类型主要有：白粉、锈粉、煤污、霉状物、叶斑、炭疽、畸形和变色等。引起叶部病害的病原物寄生性都很强，主要有真菌、细菌、病毒、植原体、螨类、藻类等。非侵染性病原有日灼、冻伤、营养不良、水分失调、烟害等。

1. 白粉病

白粉病病菌属于真菌的子囊菌亚门白粉菌目的单囊壳菌属、钩丝壳菌属、

又丝壳菌属等。白粉菌是高等植物上的专性寄生菌，主要引起多种植物的白粉病。

白粉病是园林植物上发生极为普遍的一类病害，可侵害叶片、嫩枝、花和新梢，影响树木生长，降低观赏价值。该病是一种多病程病害，分生孢子由寄主体表的角质层直接侵入，1年中可以侵染多次。温暖、荫蔽、偏氮缺钾条件下，有利于白粉病的发生。

白粉病通常在叶片、嫩梢、芽、花和果实的表面产生白色的粉状物。发病后期，在白粉层上形成许多深褐色至黑色的小颗粒（病菌的闭囊壳），这是识别白粉病最显著的标志。主要种类有月季白粉病（彩图 36）、黄栌白粉病（彩图 37）等（表6-2-1）。

表6-2-1　常见白粉病的危害及诊断

病害名称	分布与危害	症状	发病规律
月季白粉病	该病分布广泛，危害月季、蔷薇、玫瑰和白玉堂等花卉	危害嫩叶、新梢、花蕾、花梗和茎等，被害部位表面长出一层白色粉状物，后期在病部产生很多黑色小颗粒，即闭囊壳	病菌主要以菌丝体在病枝、芽及落叶上越冬，翌春病菌随病芽萌发产生分生孢子，借风力传播、侵染；5—6月、9—10月发病严重；温室栽培可周年发病，干燥、通风不良发生严重；温室栽培较露天栽培发生严重；一般光叶、蔓生、多花的品种较抗病
黄栌白粉病	辽宁、北京、河北、西安、山东、四川等地都有发生	主要危害叶片，也危害嫩枝；叶片被害后，在叶面上出现近圆形白色粉霉斑，发病后期白粉层上陆续生出黑褐色的颗粒状子实体	病菌主要以闭囊壳在落叶上或附着在枝干上越冬，翌年5—6月子囊孢子借风、雨传播，分生孢子借风、雨、昆虫等传播，进行再侵染，7—8月为发病盛期；多雨、郁蔽、通风及透光较差时，病害发生严重

2. 叶锈病

叶锈病病菌属于真菌的担子菌亚门锈菌目的多胞锈菌属、胶锈菌属、栅锈菌属、鞘锈菌属等。锈菌全为专性寄生菌，寄生于蕨类、裸子植物和被子植物上，引起锈病。叶锈病主要影响植物的光合作用，与寄主植物争夺养分，从而影响寄主植物的生长势。主要种类有玫瑰锈病（图6-2-1）、海棠锈病（图6-2-2）、松针锈病（图6-2-3）等（表6-2-2）。

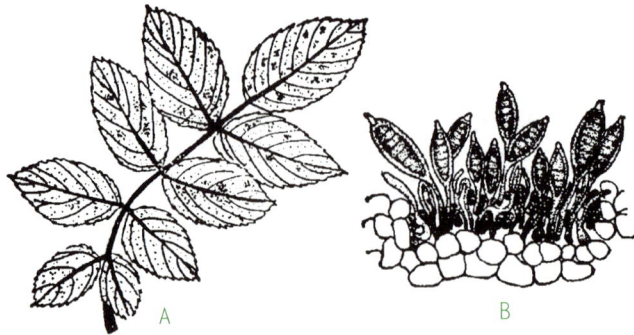

图 6-2-1 玫瑰锈病
A. 症状 B. 冬孢子堆

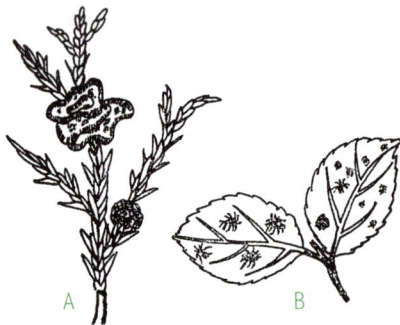

图 6-2-2 海棠锈病
A. 桧柏上的冬孢子角 B. 海棠叶上的症状

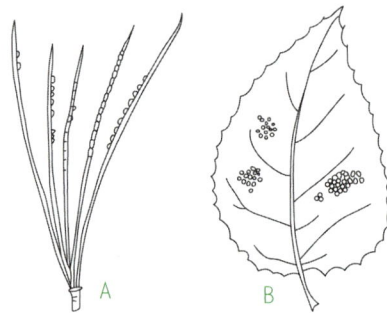

图 6-2-3 松针锈病
A. 松针上的性孢子器及锈孢子囊
B. 凤毛菊上的夏孢子堆及冬孢子堆

表 6-2-2 常见锈病的危害及诊断

病害名称	分布与危害	症状	发病规律
玫瑰锈病	为世界性病害,全国各地都有发生,是玫瑰、月季的一种常见和危害严重的病害	主要危害芽和叶片,发病初期,叶面出现淡黄色粉状物(锈孢子器),后出现橘黄色粉堆(夏孢子堆);秋末叶背生黑褐色粉状物,即冬孢子堆和冬孢子	病菌以菌丝体或冬孢子在芽、病部等处越冬,翌年玫瑰萌芽时,冬孢子萌发产生担孢子,侵入植株幼嫩组织,4月在嫩芽、幼叶上出现锈孢子,5月在叶背出现夏孢子,借风、雨等传播,进行再侵染,6—7月、9月发病最为严重;温暖、多雨、空气湿度大是病害流行的主要因素
海棠锈病	分布于北方地区,主要危害海棠、苹果和桧柏	主要危害叶片;发病初期叶面出现黄绿色斑,上生黑色小粒点(性孢子器),后期叶背生黄色须状物(锈孢子器),秋冬时期病菌危害桧柏针叶或小枝,形成棕褐色、表面粗糙的小瘤(参见图6-2-2),翌春遇雨破裂,膨大为橙黄色花朵状	病菌以菌丝体在桧柏等枝条上越冬,翌春冬孢子萌发产生担孢子,借风传播到海棠上,约10天后在叶面产生性孢子器,后形成锈孢子器,8—9月锈孢子成熟后随风传播到桧柏上,侵入嫩梢越冬;此病的发生与雨水关系密切,两种寄主混栽较近,有大量病菌存在,3—4月份雨水较多,是病害大发生的主要条件

续表

病害名称	分布与危害	症状	发病规律
松针锈病	我国南北各地均有分布，主要危害松树幼林；转主寄主为黄菠萝、一枝黄花、紫菀等	春天，感病针叶上产生暗褐色、排成一列的性孢子器，后产生橘黄色、扁平舌状的锈孢子器，成熟后开裂，散出黄色粉末状锈孢子，病叶枯黄脱落	8—9 月产生冬孢子堆在油松上越冬，4—5 月油松发病，6 月初转移到转主寄主黄菠萝等叶片上，4 ~ 10 年生油松发病严重，迎风面较背风面严重，树冠下部较上部严重，油松和黄菠萝等混交时严重，7—8 月细雨连绵的年份病害最易流行

3. 煤污病类

煤污病病菌属于子囊菌亚门煤炱属和小煤炱属等。

煤污病（彩图 38）主要在叶片和嫩枝表面形成一层黑色烟煤状物，这是识别煤污病最显著的标志。常见的有各种花木的煤污病。

花木煤污病各地均有分布。寄主范围很广，有山茶、米兰、扶桑、夜来香、牡丹、蔷薇、桂花、含笑、金橘和橡皮树等。煤污病的主要危害是抑制植物的光合作用，削弱植物的生长势，影响开花和观赏。

煤污病主要危害寄主植物的叶片，也能危害嫩枝、花器等部位。发病初期煤烟状物呈点片状，后逐渐扩大增厚，可将整个叶片覆盖。

病原菌以菌丝体、分生孢子和子囊孢子在病部及病落叶上越冬，成为次年的初侵染源。菌丝、分生孢子借气流、昆虫等传播，进行再侵染。当叶、枝表面有灰尘、蚜虫蜜露、蚧虫分泌物或植物渗透物时，分生孢子和子囊孢子就可在上面生长发育。湿度大，介壳虫、蚜虫、木虱等危害严重时，煤污病发生也严重。

4. 霉状物

霉状物病菌属于真菌的半知菌亚门葡萄孢属、青霉属，鞭毛菌亚门霜霉属等。主要引起各种植物的灰霉病、青霉病、霜霉病。

病害在受害植株的叶、茎、花或果实上均可发生。受害部位腐烂变褐，以后在感病部位出现灰色、黄绿色、青色粉状霉层。常见的有仙客来灰霉病（彩图 39）等。

仙客来灰霉病是世界性病害，全国各地均有发生，尤以温室栽培发病重。灰霉病危害仙客来叶、茎和花瓣，造成叶片、花瓣腐烂，降低观赏性；还危害月季、倒挂金钟、百合、扶桑、樱花、白兰花、瓜叶菊和芍药等多种园林植物。

叶片受害呈暗绿色水渍状斑纹，病斑逐渐扩大，叶片变褐色腐烂，最后全叶褐色干枯。叶柄和花梗受害后呈水渍状腐烂（这是识别灰霉病最显著的标志，彩图26），软化下垂，产生灰霉层（分生孢子梗和分生孢子）。花瓣受害后，呈水渍状腐烂并变褐色，长出灰霉层。发病严重时，叶片枯死，花器腐烂，霉层密布。

病菌以菌核、菌丝或分生孢子随病残体在土壤中越冬。翌年，当气温达20℃、湿度较大时，产生大量分生孢子，借风雨传播侵染，2—4月和7—8月是发病高峰期。高温高湿有利于该病发生，在湿度大的温室内该病可常年发生。

图 6-2-4   香石竹叶斑病危害状

5. 叶斑病

叶斑病病原包括真菌的半知菌亚门和子囊菌亚门、细菌和藻类等，其中以半知菌亚门所引起的叶斑病种类最多，造成的危害也最大。叶斑病严重影响叶片的光合作用，并导致叶片提早脱落，影响植物的生长和观赏效果。

各种叶斑病的共同特性是局部侵染，叶片局部组织坏死，产生各种颜色、各种形状的病斑，有的病斑可因组织脱落形成穿孔。发病后期，病斑上常出现各种颜色的霉层或子实体，这是识别叶斑病最显著的特征。主要种类有月季黑斑病（彩图40）、菊花褐斑病（彩图41）、香石竹叶斑病（图6-2-4）、桂花褐斑病（彩图42）、草坪草褐斑病（彩图43）、山茶藻斑病（彩图44）等（表6-2-3）。

表 6-2-3   常见叶斑病的危害及诊断

病害名称	分布与危害	症状	发病规律
月季黑斑病	为世界性病害，各地均有发生，危害月季和其他蔷薇属	主要危害月季的叶片，病斑近圆形，边缘呈不规则放射状，后期病斑中央变为灰白色，上生黑色小点，严重时病斑连片，整株叶片全部脱落	病菌以菌丝和分生孢子在病枝和落叶上越冬，借风雨、浇水等传播；病菌多从下部叶片开始侵染；多雨天气有利于发病，5—6月、8—9月出现2次发病高峰，通风不良、光照不足、肥水不当，都有利于发病

续表

病害名称	分布与危害	症状	发病规律
菊花褐斑病	为菊花的一种重要病害，全国各地菊花栽培区均有发生	主要危害菊花的叶片；发病初期，叶面出现近圆形的小黑点，后扩大为直径 5～10mm 的圆形或椭圆形的黑斑，中心灰黑色，并生有黑色小点；严重时，病斑相连成片，整个叶子焦黑脱落	病菌以菌丝体和分生孢子器在病残体上越冬，分生孢子器翌年吸水产生大量分生孢子，借风雨传播；温度在 24～28℃，雨水较多、种植过密条件下，该病发生比较严重，北方地区 8—9 月为发病高发期
香石竹叶斑病	为世界性病害，分布于北京、上海、昆明、天津、成都、上海、深圳等地，危害香石竹	主要危害叶片，也危害茎部和花蕾等部位；多从下部老叶开始发病，病斑紫色或褐色，轮生黑色粉霉层，干燥时病部扭曲（图 6-2-4）；茎上发病，病斑可环绕茎或枝条一周，造成上部枝叶枯死；花苞受害，可使花不能正常开放，并造成裂苞	病菌主要以菌丝和分生孢子在病株和土壤中的病残株上越冬，分生孢子借气流和雨水传播，从伤口和气孔侵入；温度在 21℃左右、多雨、连作、老叶多等条件易于发病
桂花褐斑病	此病为桂花的重要病害之一，各桂花栽培区均有发生	发病初期在叶片受害部位出现褪绿变黄褐的小斑点，常受叶脉限制，以后逐渐扩大为黄褐至灰褐色的多角形病斑，直径 2～10mm，外缘有一黄色晕圈	病菌以菌丝在病株及落叶上越冬，翌年 5—6 月气温升高时，产生分生孢子进行初次侵染，病菌主要借气流和雨水传播；多雨年份，病害扩展迅速，发病严重，一般老叶发病严重
草坪草褐斑病	可侵染所有草坪草，以冷季型草坪草受害最重	初期病斑中央青灰色、水渍状，边缘红褐色，后期病斑变褐色甚至整叶腐烂，严重时病菌侵入茎秆；在被侵染的草坪上常形成"蛙眼"状枯草圈，清晨有露水时，有"烟圈"	丝核菌是土壤习居菌，枯草层较厚的老草坪，菌源量大，发病重，土质黏重、排水不良、偏施氮肥、冻害等都有利于病害的发生；该病全年都可发生，但以高温、高湿、多雨、炎热的夏季危害最重
山茶藻斑病	主要发生在长江以南地区，危害山茶、白兰、玉兰、桂花、含笑、柑橘等	侵害叶片和嫩枝，形成圆形或不规则形的隆起病斑，边缘放射状或羽毛状，病斑上有纤维状细纹和绒毛	头孢藻以营养体在寄主组织内越冬，游动孢子借风雨传播，高温高湿有利于游动孢子的产生、传播、萌发和侵入

6. 炭疽病

炭疽病病菌属于真菌的半知菌亚门炭疽菌属和子囊菌亚门小丛壳属，可引起多种植物的炭疽病。炭疽病是园林植物上的常见病害，病菌侵染植物地上部分的所有器官，主要危害植物叶片。炭疽病有潜伏侵染的特点，其主要症状特点是子实体呈轮状排列，在潮湿情况下病部有粉红色的黏液（分生孢子）出现，这是识别炭疽病最显著的标志。主要种类有兰花炭疽病（彩图45）、山茶炭疽病（彩图46）等（表6-2-4）。

表6-2-4　常见炭疽病的危害及诊断

病害名称	分布与危害	症状	发病规律
兰花炭疽病	在兰花产区普遍发生，可危害春兰、蕙兰等多种兰科植物	病斑多发生于上中部叶片，以叶缘和叶尖较为普遍；病斑长圆形、梭形或不规则形，有深褐色不规则线纹数圈，病斑中央灰褐色至灰白色，边缘黑褐色，后期病斑上散生黑色小点	病菌以菌丝体及分生孢子盘在病株残体或土壤中越冬，翌年兰花展叶时，病菌开始侵染；每年3—11月均可发病，雨水多、密度大则发病重
山茶炭疽病	分布于长江以南及河南、陕西，是山茶、油茶的重要病害	主要危害叶片和新梢；病斑近圆形，上有褐色轮纹，后期轮生或散生红褐色至黑褐色的小点；潮湿条件下，产生淡红色具黏液的分生孢子堆，枝梢上形成梭形、下陷的溃疡斑，边缘淡红色，后期黑褐色，有黑色小点和纵向裂纹	病菌以菌丝或孢子在病部越冬，翌春，分生孢子借风雨传播，从伤口和自然孔口侵入；一个生长季节里有多次再侵染，5—11月都可发病，7—9月为发病高峰

7. 畸形病

畸形病病菌属于子囊菌亚门的外囊菌属和担子菌亚门的外担子菌属及蛛形纲瘿螨总科的绒毛瘿螨属。

叶畸形病的病菌侵染植物后，寄主受病部位的组织增生，使叶片肿大、皱缩、加厚，果实肿大、中空成囊状，这是识别畸形病最显著的标志。

畸形病主要引起落叶、落果，严重的引起枝条枯死，影响观赏效果。在园林植物上常见的有桃缩叶病（彩图47）、杜鹃饼病（图6-2-5）、阔叶树毛毡病（彩图48）等（表6-2-5）。

图6-2-5　杜鹃饼病

表 6-2-5　常见畸形病的危害及诊断

病害名称	分布与危害	症状	发病规律
桃缩叶病	各地均有发生，危害桃树、樱花、李、杏、梅等	主要危害叶片；感病叶片波浪状皱缩卷曲，呈黄色至紫红色，加厚，质地变脆；后期病叶干枯脱落	春天，孢子随气流传播到新叶上，自气孔或表皮侵入，刺激植物细胞大量分裂，病叶肥厚、皱缩、卷曲并变红；早春温度低、湿度大，有利于病害的发生，4—5月为发病盛期，无再侵染
杜鹃饼病	又称叶肿病，分布于江苏、云南、四川、广东等地，危害杜鹃、茶、山茶及石楠科植物	主要危害杜鹃的嫩叶、嫩梢及花；叶肿大变形，正面凹下，背面隆起，呈半球形；后期叶枯萎脱落，幼芽及花感病后，变厚形成瘿瘤	翌春担孢子借风或昆虫传播，每年春末夏初和秋末冬初发病；温度适宜、相对湿度80%以上、日照短时，利于此病的发生
阔叶树毛毡病	各地均有发生，危害白蜡、槭、枫杨、樟、榕树、柑橘、葡萄、梅花、丁香、荔枝和龙眼等	叶片背面产生白色、隆起、不规则形病斑，密生灰白色毛毡状物，后毛毡状物变为红褐色或暗褐色；发病严重时，叶片皱缩或卷曲，质地变硬，早落	在瘿螨的刺激下，寄主植物表皮细胞伸长、变形，成茸毛状，瘿螨隐蔽其中危害；高温干燥条件下，瘿螨繁殖快，夏秋季为发病盛期

8. 变色病

变色病病菌属于病毒类。变色病在园林植物上普遍存在且严重。寄主受病毒侵害后，常导致叶色、花色异常，器官畸形，植株矮化，这是识别由病毒引起的变色病最显著的标志。该病主要引起落叶、落果，严重的引起枝条枯死，影响观赏效果。在园林植物上发生严重的有唐菖蒲花叶病、美人蕉花叶病等（表6-2-6）。

表 6-2-6　常见变色病的危害及诊断

病害名称	分布与危害	症状	发病规律
唐菖蒲花叶病	该病是世界性病害，我国分布各地，危害唐菖蒲、美人蕉、金盏菊、香石竹、兰花、水仙、百合、萱草和百日草等	主要侵染叶片，也侵染花器；病斑褐色，病叶黄化、扭曲，叶片上有斑驳和线纹；花穗短小，花少且小，花瓣变色、碎锦状	病毒由蚜虫和汁液传播，自微伤口侵入；种球茎调运是远距离传播的途径，挖掘球茎的工具不消毒，也容易造成有病块茎对健康块茎的感染
美人蕉花叶病	分布上海、北京、南宁、南昌、杭州等地，寄主范围很广，能侵染40多种花卉	侵染叶片及花器；叶片出现花叶或褐色坏死条纹，叶片撕裂，破碎不堪，严重时心叶畸形、内卷呈喇叭状，花穗抽不出或很短小，植株显著矮化	病毒由汁液和蚜虫传播，由病块茎做远距离传播；品种抗性差异显著，红花美人蕉抗病；蚜虫口密度大，寄主植物种植密度大，与美人蕉与百合等毒源植物为邻，杂草、野生寄主多，均加重病害的发生

二、常见园林植物叶部病害的防治方法

·加强检疫工作，禁止病菌及繁殖材料传入无病区。

·加强养护管理，改善通风透光条件，增施磷、钾肥；及时清除病落叶，并集中烧毁；春季干旱时，注意灌水，增强树势，提高园林植物抗病力。

·选用抗病品种和健壮苗木。

·及时清除侵染来源，消灭媒介昆虫。对于叶锈病，要及时铲除转主寄主。

·在生长季节早期，及时喷洒保护剂如波尔多液、代森锰锌等，保护叶片不受侵染。

·发病初期及时喷施 50% 多菌灵可湿性粉剂 800 倍液、70% 甲基硫菌灵可湿性粉剂 800 倍液、25% 三唑酮可湿性粉剂 1 500 ~ 2 000 倍液、50% 退菌特可湿性粉剂 1 000 倍液、65% 代森锌可湿性粉剂 800 倍液、75% 百菌清可湿性粉剂 500 ~ 600 倍液等药剂，每隔 7 ~ 10 天喷 1 次，连续喷 2 ~ 3 次。

能力培养

当地（公园、苗圃等）园林植物叶部病害防治

1．训练准备

以小组为单位进行叶部病害防治。准备喷雾器、塑料桶、塑料袋、塑胶手套、放大镜、镊子、电炉、70% 甲基硫菌灵、25% 三唑酮、45% 百菌清烟剂、硫黄粉等工具和材料。课前查阅当地园林植物病害的调查资料、病害种类与分布情况。

2．具体操作

见表 6-2-7。

表 6-2-7 当地园林植物叶部病害的防治

工作环节	操作规程	操作要求
确定防治对象	（1）首先选定一个苗圃或公园，然后对该苗圃或公园内的园林植物病害种类和危害情况做详细调查 （2）根据调查结果确定应防治的园林植物病害种类	（1）使用放大镜、镊子等工具对受害部位进行解剖观察，确定病害的危害情况 （2）谨慎操作，注意安全 （3）采集叶部病害标本时，最好不要伤及植物枝条，以减少对植物的损伤
确定防治技术	根据防治面积选用以下防治技术：①叶面喷施 70% 甲基硫菌灵可湿性粉剂防治叶斑病；②叶面喷施 25% 三唑酮可湿性粉剂防治锈病；③在温室或大棚内使用 45% 百菌清烟剂熏烟防治灰霉病等病害；④在温室内用电炉加热硫黄粉进行熏蒸防治白粉病	对防治对象的发病规律应做详细的记录，要熟悉防治技术规程
组织实施	各小组根据防治设计方案分的任务，并将任务落实到组内每个人： （1）叶面喷施甲基硫菌灵可湿性粉剂防治叶斑病：首先检查和试用药械，穿戴好防护用具，然后把 70% 甲基硫菌灵可湿性粉剂兑水配制成 800 倍液，选择有叶斑病的花草树木进行叶面喷施，叶片正反面均喷药，要均匀 （2）叶面喷施三唑酮可湿性粉剂防治锈病：把 25% 三唑酮可湿性粉剂兑水配制成 1 500 ~ 2 000 倍液，选择有锈病的花草树木进行叶面喷施 （3）在温室或大棚内使用 45% 百菌清烟剂防治灰霉病、炭疽病等病害：在发生灰霉病、炭疽病等的温室或大棚内，使用 45% 百菌清烟剂，每 100m² 用药 40g，于傍晚分几处点燃后，封闭温室或大棚，过夜即可 （4）在温室或大棚内用电炉加热硫黄粉进行熏蒸防治白粉病：在发生白粉病的温室或大棚内，夜间将硫黄粉放在铁盒中，然后放在电炉上加热，温度控制在 15 ~ 30℃，进行熏蒸，然后封闭温室或大棚，过夜即可	（1）做好防护措施，戴好口罩、手套等防护用具 （2）小组成员密切配合，发挥团队精神 （3）使用喷雾器、电炉等用具时要小心操作，注意安全 （4）在温室或大棚内使用烟剂或硫黄粉熏蒸时，药剂点燃后，人员应迅速退出，温室或大棚应立即封闭
检查验收与效果评价	防治后一周，统计发病株率，并填写表 6-2-8；对防治结果进行总结、分析，写出防治报告，将资料归档	根据统计数据进行统计分析，得出防治效果，并提出改进措施

表 6-2-8 园林植物叶部病害防治记录表

序号	防治对象名称	使用的药剂	施药方式	防治效果		备注
				发病株数	发病率	

随堂练习

1. 叶部病害的症状主要有哪些？
2. 本地区常见的园林植物叶部病害有哪些？其典型症状及发病规律怎样？
3. 试述当地是如何开展园林植物叶部病害综合治理工作的。

任务 6.3 枝干病害诊断及防治

任务目标

知识目标：

1. 了解枝干病害的危害特点、发病规律。
2. 掌握枝干病害的防治技术。

技能目标：

1. 会涂伤剂配制方法与涂干作业。
2. 能进行园林植物枝干病害的防治。

知识学习

一、枝干病害的危害特点、症状鉴别

　　园林植物枝干病害常引起枝枯或全株死亡，危害性远远超过叶部病害，严重影响着植株的生长，甚至带来毁灭性的后果。

　　枝干病害的危害特点是：①枝干病害常因树木栽培管理、抚育管理差，或遭受冻伤、灼伤、干旱、虫害等造成树势衰弱、伤口不易愈合而引起。病原物在感病植物的病斑、病株残体、转主寄主上及土壤内越冬；②真菌、细菌性病害多借助风雨和气流传播，植原体、线虫及某些真菌可借助昆虫传播，人类活动是枝干病害远距离传播的途径；③枝干病害的潜育期通常较叶、花、果病害长，一般多在半个月以上，少数病害可长达 1～2 年。腐烂病和溃疡病有潜伏侵染的特点。枝干病害在一年中常于早春和夏初为发病盛期，夏季和秋初树木生长旺盛则病害处于越夏休眠期，有些枝干病害至秋末又会发生。

　　枝干病害种类繁多，症状类型主要有干锈、疱锈、腐烂、溃疡、枝枯、肿瘤、丛枝、黄化、萎蔫、腐朽、流脂流胶等。引起枝干病害的病原菌大多是一些弱寄生菌，有真菌、细菌、植原体、寄生性种子植物和线虫等。非侵染性病原有日灼、冻伤和枯梢。

1. 干锈病

干锈病病菌属于真菌的子囊菌亚门等，其中以柱锈属真菌所引起的枝干锈病种类最多，所受损失也最大。

这类病菌大都是转主寄生的，即病菌不同的生活阶段在不同种的寄主上渡过。松类干锈菌的转主寄主可为双子叶草本、灌木或乔木，在松树上度过其性孢子、锈孢子阶段。但内柱锈属的锈菌为单主寄生，它们在松树上产生特殊的锈孢子，又直接侵染松树。

干锈病往往引起枝干肿大、溃疡和丛枝症状。除胶锈属真菌外，其他锈菌所致干锈病均在每年的一定时期（一般为夏初），于松树病部出现鲜黄色或褐色的粉状物，这是识别由锈菌引起的枝干锈病最显著的标志。幼苗、幼树或成年树枝致病后一般导致枝枯。主要种类有松疱锈病（图6-3-1）、竹秆锈病（图6-3-2）等（表6-3-1）。

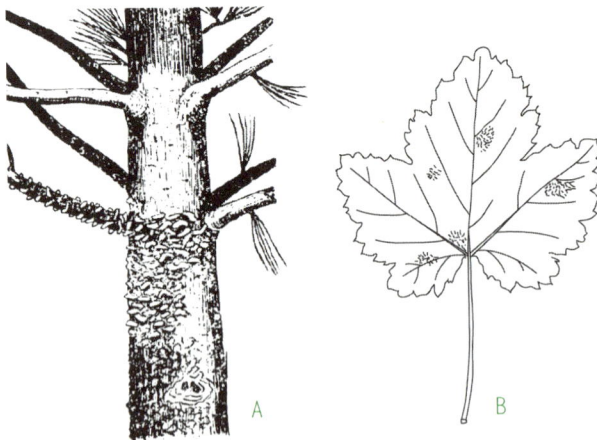

图6-3-1 松疱锈病
A.生在红松干皮上的锈孢子器
B.东北茶藨子叶上的冬孢子堆

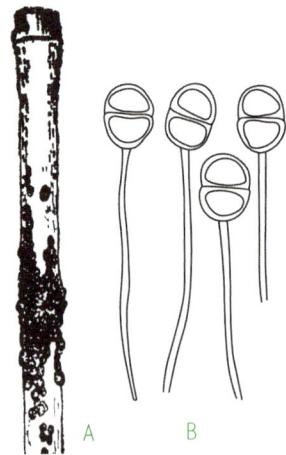

图6-3-2 竹秆锈病
A.症状 B.冬孢子

表 6-3-1　常见干锈病的危害及诊断

病害名称	分布与危害	症状	发病规律
松疱锈病	分布于东北、西北、西南及华北等地，危害红松、华山松、新疆五针松、乔松、海南五针松、油松等；转主寄主有东北茶藨子、黑果茶藨子、马先蒿、穗花马先蒿等；是我国林业检疫性有害生物之一	春秋两季在松树上有明显症状：春季在枝干皮上肿大，裂缝中长出黄白色至橘黄色锈孢子器；秋季在枝干上出现初为白色、后变为橘黄色的泪滴状蜜滴，蜜滴消失后皮下可见血迹状斑；在转主寄主上，夏季叶背出现带油脂光泽的黄色丘形夏孢子堆，最后在夏孢子堆或新叶组织处出现刺毛状红褐色冬孢子堆	秋季，在转主寄主叶片上产生的担孢子经风传播到松针上，侵入扩展，经 3 ~ 7 年才在小枝、侧枝、干皮上产生性孢子器，下一年春季产生锈孢子器；病树年年发病，产生性孢子和锈孢子，锈孢子借风力传播到转主寄主上，在多湿、冷凉气候条件下产生芽管，由气孔侵入叶片；刚定植的幼苗、20 年生以内的幼树易感病
竹秆锈病	分布于江苏、浙江、安徽、山东、河南、湖北、陕西、四川、贵州、广西等地，主要危害淡竹、早竹、篌竹和刺竹等	又称黄斑病，多发生于竹秆中下部或秆基部；初期病部出现白色小圆点，后逐渐变成土黄色条状或片状木栓质垫状物（病菌冬孢子堆）；后期病部变成灰褐色或暗褐色，竹秆变黑发脆，将降低竹材使用价值，严重受害时造成整株或成片枯死	病菌以菌丝体和不成熟的冬孢子越冬，第 2 年春季冬孢子成熟，5—6 月形成夏孢子堆，借风雨传播，从伤口侵入竹秆表皮，潜育期达 7 ~ 18 个月，症状逐渐显露，病斑逐年增大加厚，竹林成片衰败枯死；在阴湿、通风不良、生长过密、植株衰弱的竹林中发生严重

2. 溃疡病

溃疡病病菌属于真菌的子囊菌亚门和半知菌亚门。溃疡病一般每年有两个发病期。病害通常发生于春季或初夏树木生长活动开始的时候。这期间病害发展迅速，皮层坏死呈水浸状。当夏季树木生长旺盛时期，病害停止发展，处于休眠状态。病斑干裂下陷，周围产生愈合组织。秋季，病害有一个短暂的轻微发展，便进入越冬休眠阶段。虫伤、冻伤、各种机械伤口、修剪和嫁接伤口是溃疡病病菌侵入寄主的主要途径。早春的干旱和冬春的冻害是病害发生流行的先决条件。主要种类有杨腐烂病（图 6-3-3）、杨溃疡病（图 6-3-4）、合欢破腹病（彩图 49）、仙人掌茎腐病（图 6-3-5）、棕榈干腐病等（表 6-3-2）。

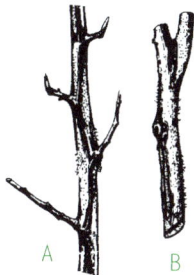

图 6-3-3　杨腐烂病
A、B. 杨柳病枝上的症状

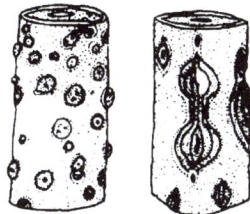

图 6-3-4　杨溃疡病症状

图 6-3-5　量天尺茎腐病症

表6-3-2   常见溃疡病的危害及诊断

病害名称	分布与危害	症状	发病规律
杨腐烂病	分布于黑龙江、吉林、辽宁、内蒙古、河北、河南、山西、陕西、新疆、青海等杨树栽培区，危害杨、柳、槭、樱花、接骨木、花楸、桑树、木槿等	分为干腐和枝枯两种症状类型。干腐型主要发生在主干、大枝及分杈处。皮层腐烂变软，后失水下陷。病斑有明显的黑褐色边缘，腐烂的皮层易与木质部剥离。病斑包围树干，致树木死亡；后期病斑上长出黑色小点，潮湿条件下，产生橘红色卷丝状分生孢子角；枝枯型主要发生在小枝上，小枝染病后迅速枯死	此病原菌为弱寄生菌。主要侵害生长不良、树势衰弱的树木。病菌在植物病组织中越冬。春季，借分生孢子传播，潜育期6～10 d，温度6～10℃时有利于病菌的侵染。烂皮病菌在苗木中带菌率最高，不同树种抗病性有明显差异，青杨类易感病，受冻害和日灼的树木易感病
杨溃疡病	分布于北京、河北、辽宁、吉林、黑龙江、山东、河南、江苏、陕西及甘肃等地，危害杨、柳、榆、核桃等树木。	溃疡型:树干皮孔附近出现水泡，破裂后流出带臭味的液体，病部干缩下陷，形成长椭圆形条斑，散生许多小黑点，病斑处皮层变褐腐烂，待病斑环绕树干连成一圈后，树即死亡。5月下旬病斑周围形成一隆起的愈伤组织，中央裂开，形成典型的溃疡症状（参见图6-3-4） 枯梢型：当年定植的幼树主干上先出现红褐色小斑，迅速包围主干，致使上部梢头枯死	春季3月下旬开始发病，4月中旬至5月下旬为发病高峰；可侵染树干、根茎和大树枝条，但主要危害树干的中下部；该菌为弱寄生菌，树木衰弱易发病，如树苗移植、春旱、春寒、风沙多、土质差、苗木假植时间长等，均易导致发病；树皮光滑的青杨类易感病，白杨类抗病性较强
合欢破腹病	分布于河北、河南、山西、山东、陕西、甘肃等地，危害合欢、枫杨、火炬树、玉兰、杨、柳、榆、槭等	病树主干树皮甚至木质部发生纵裂，主要发生在树干1.5m以下，裂纹多在树干的东南向、南向、西南向；被害株感病部位极易受到真菌感染而导致枯萎病，造成干枯、流水、死亡	破腹病是因为昼夜温差过大而引起的生理性病害；破腹病的特征是主干树皮纵向破裂，本身危害并不大，可一旦受到真菌感染就十分危险
仙人掌茎腐病	分布于福建、广东、南京、济南、天津等地，危害仙人掌、仙人球、霸王鞭、麒麟掌、量天尺等	主要发生在近地面的茎部，也发生在植株上部茎节处；发病初期产生水渍状暗灰色或黄褐色病斑，并逐渐软腐，后期病部出现灰白色或深红色霉状物，或黑粒状物，即为病菌的子实体；最后全株腐烂、失水干缩或仅残留一个髓部	病菌以菌丝体和孢子在病茎残体上或土壤内越冬，借风雨及灌溉水传播，通过伤口侵入；高温高湿条件下发病严重，偏施氮肥或使用未充分腐熟的厩肥有利于发病

3. 枯梢病

枯梢病病菌属于真菌的子囊菌亚门。枯梢病从幼苗到大树都可危害，主要发生在当年生新梢上，引起枝梢枯萎，树冠变形，严重时全株枯死。病原菌在病组织上越冬，借风雨传播，通过伤口或直接侵入寄主。主要种类有落叶松枯梢病（图6-3-6）、毛竹枯梢病（图6-3-7）等（表6-3-3）。

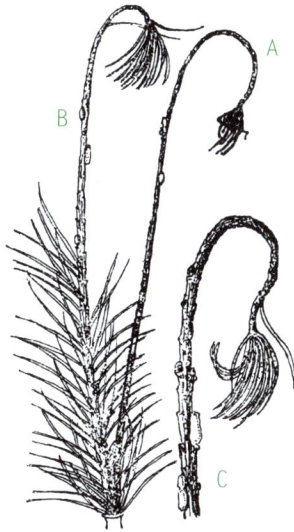

图6-3-6　落叶松枯梢病
A、B.病梢　C.病梢上的松脂块

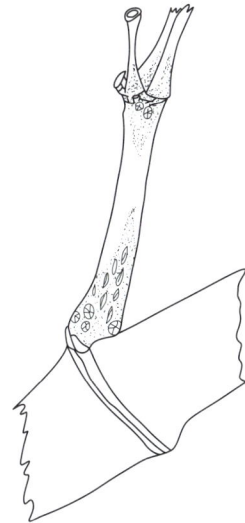

图6-3-7　毛竹枯梢病

表6-3-3　常见枯梢病的危害及诊断

病害名称	分布与危害	症状	发病规律
落叶松枯梢病	分布于东北、西北及华北等地，主要危害落叶松，为我国林业检疫性有害生物之一	一般先从主梢发病，然后由树冠上部向下蔓延：起初在未木质化的新梢嫩茎部或茎轴部退绿，由浅褐色渐变为暗褐色、黑色，微收缩变细，茎从病部弯曲下垂成钩状，叶枯萎脱落，仅留顶部一丛针叶，发病部位以上的枝梢枯死；木质化的新梢不弯曲，病部针叶脱落；次年春天，由侧芽生出小枝代替原来的主梢，连年发病则树冠呈扫帚状丛枝（参见图6-3-6A、B）	病菌翌年5—7月开始发病，主要危害当年新梢，由树冠逐渐向下部扩散蔓延；发病茎部逐渐退绿，由淡褐色变深褐色，凋萎变细，流出树脂（参见图6-3-6C），秋后在危害部位形成子囊腔越冬；6～15年生落叶松危害最重；受害新梢枯萎，树冠变形，甚至枯死
毛竹枯梢病	分布于江苏、浙江、安徽、江西、福建、上海、湖南及广东等省区，危害毛竹	发生在当年新生竹梢上，先在竹梢节杈处出现褐色病斑，向上下同时扩展成菱形，当病斑环绕主梢或枝条一周时，病斑以上竹叶萎蔫纵卷，枯黄脱落；剖开病竹，可见病组织变为褐色，竹筒内长满白色棉絮状菌丝体	病菌可存活3～5年；子囊壳于5—6月成熟，并在阴雨或饱和湿度条件下释放子囊孢子，此时正是新竹发枝、放叶期，毛竹处于感病状态，孢子通过伤口或直接侵入寄主，经1～3个月的潜育期后，开始表现症状

图 6-3-8 泡桐丛枝病

4. 丛枝病

丛枝病病原包括植原体和半知菌亚门真菌等。丛枝病又称扫帚病，发生在多种针、阔叶树种和竹类上。植原体引起的丛枝病属于系统性侵染，病害由个别枝条开始，逐渐扩及全株；真菌引起的丛枝病属于局部性侵染，丛枝症状仅表现在直接受侵染的个别枝条上。枝条受害后，因顶芽生长受到抑制而刺激侧芽和不定芽提前萌发成小枝。小枝生长缓慢，且其顶芽不久也受到病原物的抑制，而刺激其侧芽和不定芽再萌发成更细弱的小枝。如此反复进行，各小枝细而节间缩短，使枝条呈丛生状。丛枝多能存活若干年，终因养分消耗过度而枯死。主要种类有泡桐丛枝病（图 6-3-8）、竹丛枝病（彩图 50）、枫杨丛枝病等（表 6-3-4）。

表 6-3-4　常见丛枝病的危害及诊断

病害名称	分布与危害	症状	发病规律
泡桐丛枝病	分布于我国泡桐栽培地区，其中以河南、山东、河北、山西、陕西、安徽等地最为常见	发病植株多从局部枝条开始，腋芽和不定芽大量萌发，发出许多细弱小枝，节间变短，叶序紊乱，叶片黄而小；病枝上的小枝又可抽出小枝，如此重复多次，以致枝叶丛生，状似鸟巢	植原体大量存在于韧皮部筛管中，通过筛板孔移动，从而侵染整个植株；可由病根、苗木带毒及嫁接等途径传播，烟草盲蝽、茶翅蝽是泡桐丛枝病的传毒昆虫；不同品种间发病程度差异很大，兰考泡桐、楸叶泡桐、绒毛泡桐发病率较高，白花泡桐、川泡桐、台湾泡桐发病较少
竹丛枝病	分布于河南、江苏、浙江、湖南、贵州等省，但以华东地区常见，危害淡竹、箬竹、刺竹、刚竹、哺鸡竹、苦竹、短穗竹等	发病初期，少数竹枝发病，春天病枝不断延伸出多节细弱的枝蔓，数年内逐步发展到全部竹枝（参见彩图 50）	本病在老竹林及管理不良、生长细弱的竹林容易发病；4 年生以上的竹子，或强日照地区的竹子，均易发病；病菌于病枝梢端由菌丝和寄主组织共同形成白色米粒状假子座

5. 枯萎病

枯萎病病原包括线虫和半知菌亚门真菌等。枯萎病可危害大树，也可危害幼树，以幼苗、幼树发病较重，引起枝干枯萎，严重时全株枯死。发生于春、夏及初秋季节，以夏季发病较重。病原菌在病组织上越冬，借风雨传播，一些种类可随苗木运输长距离传播。冻害、霜害可造成病菌侵入的伤口，病菌从伤口和枯枝侵入。春夏雨量多有利于病菌的传播与侵染，土壤板结、积水、郁闭度大、通风不良、生长衰弱易发病。主要种类有松材线虫病（彩图 51）、月季枝枯病（图 6-3-9）、合欢枯萎病（彩图 52）等（表 6-3-5）。

图 6-3-9　月季枝枯病的症状

表 6-3-5　常见枯萎病的危害及诊断

病害名称	分布与危害	症状	发病规律
松材线虫病	分布于江苏、安徽、广东、山东、浙江、湖北、上海、台湾及香港等省（区），危害黑松、赤松、马尾松、海岸松、火炬松、黄松等树木，为我国林业检疫性有害生物之一	松树受害后针叶失绿变为黄褐色至红褐色，萎蔫，最后整株枯死，但针叶长时间不脱落；外部症状的表现首先是树脂分泌急剧减少和停止，蒸腾作用下降，继而边材水分迅速降低，病树大多在 9—10 月死亡	松材线虫病多发生在每年 7—9 月，我国传播松材线虫的媒介昆虫主要是松褐天牛；当天牛补充营养时，线虫就从天牛取食造成的伤口进入树脂道，感染松材线虫的松树往往是松褐天牛产卵的对象，翌年松褐天牛羽化时又会携带大量的线虫，传播到健康的松树上，导致病害的扩散蔓延
月季枝枯病	分布于广州、上海、南京、天津、郑州、西安、沈阳等地，引起月季枝梢干枯	病害主要发生于枝条及嫩茎上，病斑红色或紫红色，中心灰褐色，边缘紫褐色，周围有一红色晕圈，后期病组织产生黑色小颗粒（分生孢子器）；发病严重时，病斑将枝条围成一周，致使病部以上的枝叶全部枯死	病菌以分生孢子器和菌丝体在植株病组织中越冬，翌春分生孢子器成熟，产生大量的分生孢子，随风雨、灌水传播，从伤口侵入，进行初侵染；在潮湿多雨季节发病严重，管理差、树势衰弱的植株发病重
合欢枯萎病	分布于北京、江苏、山东、河南等地，危害合欢	多发生于长势较弱和被病虫害危害过的植株；感病植株的叶片首先呈现淡绿色或淡黄色，继而失水萎蔫，然后下垂脱落，枝干局部流出大量液体，后失水干枯，病斑下陷，木质部边材变为褐色或黑褐色，枝条开始枯死，树干枯萎，整株死亡；秋季是发病高峰期，病部皮孔处肿胀破裂产生粉红色分生孢子堆	该病菌为弱寄生菌，主要在土壤、病残组织及种子中越冬，由地下根直接侵入或通过伤口侵入，随水分输导进行系统性侵染，引起植株枯死；整个生长季均可发病，5 月出现症状，6—8 月为发病盛期，病害可一直延续到 10 月；分生孢子借风雨传播，土中病菌借灌溉水或雨水传播

6．寄生性种子植物

在种子植物中，有少数种类由于缺少叶绿素或某种器官发生退化而成为异养生物，在其他植物上营寄生生活，被称为寄生性种子植物。寄生性种子植物都是双子叶植物，其中常见的和危害大的有菟丝子科（彩图53）、桑寄生科（彩图54）（表6-3-6）。

表6-3-6　常见寄生性种子植物的危害及诊断

病害名称	分布与危害	症状	发病规律
菟丝子害	全国各地均有分布，危害一串红、金鱼草、菊花、扶桑、榆叶梅、玫瑰、珍珠梅、紫丁香等多种园林植物	菟丝子为全寄生种子植物，它以茎缠绕在寄主植物的茎干，并以吸器伸入寄主茎干或枝干内与其导管和筛管相连接，吸取全部养分，因而导致被害植物生长不良，通常表现为植株矮小、黄化，直至死亡	菟丝子以种子在土壤中越冬，次春种子萌发，长出淡黄色细丝状的幼苗，藤茎上端部分作旋转向四周伸出，当碰到寄主时，便紧贴其上缠绕，形成吸盘伸入寄主体内吸取水分和养料，并不断分枝生长缠绕植物，开花结果，蔓延危害
桑寄生害	分布在温带和热带，寄生于桑、栎、桦、杨、柳、榆、苹果等树木上	桑寄生为半寄生种子植物，树木遭受桑寄生害后，叶片枯黄早落，枝条枯萎，整棵大树都会停止生长，直至枝干枯死	种子主要靠鸟类传播，在适宜的温度、湿度下，种子3天左右即可萌发，长出吸盘状根吸住树皮，寄生在树干上慢慢生长，自种子萌发至胚根侵入树皮，一般约需15天

二、常见园林植物枝干病害的防治方法

（1）加强检疫工作，在调查的基础上，确定病区和无病区，禁止病区苗木调出。

（2）加强养护管理，改善通风透光条件，增施磷、钾肥；秋季给树干涂白，防止灼伤和冻害；春季干旱时，注意灌水，以增强树势，提高园林植物的抗病力，是防治弱寄生性病原物或环境不适引起的枝干病害的有效手段。

（3）发病初期及时伐除和烧毁病株，清除侵染来源，铲除转主寄主，消除昆虫媒介，是减少和控制枝干病害发生的重要手段。

（4）选种抗病品种是防治危险性枝干病害的良好途径。

（5）2—3月，对病斑较少的病株用刀刮除病斑，然后涂以煤焦油，以封死病原物。

（6）发病初期用50%多菌灵可湿性粉剂200倍液或70%甲基硫菌灵可湿性粉剂200倍液涂抹病斑，涂前先用小刀将病组织划破或刮除老病皮。涂药5天后，再用50～100 mg/L赤霉素涂于病斑周围，可促进愈合组织产生，阻止复发。初夏和

秋末喷洒 0.5 ～ 1° Be 的石硫合剂、1% 的敌锈钠水溶液或三唑酮 800 ～ 1 000 倍液防治。

能力培养

涂伤剂的配制与涂干作业

1. 训练准备

以小组为单位进行涂伤剂的配制与涂干作业。准备松香、蜂蜡、动物油、酒精、松节油、硫酸铜、生石灰、石硫合剂原液、盐、天平、100 mL 烧杯、塑料桶、电炉、锅、塑料袋、油灰刀、毛刷等工具和材料。

2. 具体操作

见表 6-3-7。

表 6-3-7　涂伤剂的配制与涂干作业

工作环节	操作规程		操作要求
准备材料和工具	结合当地实际，选择所要配制和使用的涂伤剂种类，准备所要使用的工具，按配比称量所需药品与材料		（1）称量要准确 （2）使用电炉、酒精、石硫合剂原液时，要注意安全
配制涂伤剂	固体保护剂	取松香 4 份、蜂蜡 2 份、动物油 1 份，先把动物油放在锅里加热熔化，然后将旺火拆掉，立即加入松香和蜂蜡，再用文火加热并充分搅拌，待冷凝后取出，装入塑料袋密封备用	（1）遵照操作规程，谨慎操作，注意安全 （2）石灰质量要好，加水消化要彻底；使用不纯的消石灰时，要先用少量水泡数小时，使其变成膏状，剔除石灰乳中的硬粒，留有硬粒易烧伤树皮，特别是光皮、薄皮树木更应注意
	液体保护剂	取松香 10 份、动物油 2 份、酒精 6 份、松节油 1 份，先把松香和动物油一起放入锅内加温，待熔化后立即停火，稍冷却再倒入酒精和松节油，同时搅拌均匀，然后倒入瓶内密封贮藏，以防酒精和松节油挥发	
	波尔多浆	硫酸铜 0.5 kg、生石灰 1.5 kg、水 7.5 kg，用 4 kg 水配石灰乳，3.5 kg 水配硫酸铜液，将硫酸铜液缓慢倒入石灰乳中搅拌均匀	

续表

工作环节	操作规程		操作要求
配制涂伤剂	涂伤剂	取生石灰 5 kg，石硫合剂原液 500 mL，盐 0.5 kg，动物油 0.1 kg，水 20 kg，用少量热水将生石灰和盐分别化开，然后将两液混合并倒入剩余的水，再加入石硫合剂、动物油，搅拌均匀即成	
涂干作业	（1）固体保护剂：使用时，只要稍微加热令其软化，然后用油灰刀将其抹在伤口上即可，一般用此保护剂封抹较大的伤口 （2）液体保护剂：使用时用毛刷涂抹即可，这种液体保护剂适用于小的伤口 （3）波尔多浆：在校园内有病树干上，刮除病组织后，涂消毒剂，再涂刷波尔多浆保护 （4）涂伤剂：在 10 月中下旬，选择校园内乔木树种，在离地面 1.3 ~ 1.5 m 高度树干上，用刷子均匀涂刷涂伤剂，直至树基部		（1）操作时应戴手套，并防止液体溅入眼睛，做好防护工作 （2）小组成员应密切配合，发挥团队精神
结果分析	涂干作业结束后对治疗效果进行观察、总结、分析，填写表 6-3-8，并将资料归档		根据表 6-3-8 比较防治效果，并提出改进措施

表 6-3-8　园林植物枝干病害防治记录表

序号	寄主	病害名称	涂伤剂种类	防治效果	备注

随堂练习

1. 防治干锈病、溃疡病、枯梢病、丛枝病、枯萎病、寄生性种子植物等枝干病害可以采取哪些措施？

2. 对于松材线虫病的防控，应该切实做好哪些关键环节？

3. 简述涂伤剂的用途、配制方法与涂干操作过程。

任务 6.4 根部病害诊断及防治

任务目标

知识目标：

1. 了解根部病害的危害特点、发病规律。

2. 了解根部病害的类型。

3. 掌握根部病害的症状鉴别。

4. 掌握根部病害的防治技术。

技能目标：

1. 学会杀菌药土的配制与使用方法。

2. 能进行园林植物根部病害的防治。

知识学习

一、根部病害的危害特点、症状鉴别

　　根部病害也称土传病害，主要危害植物根系，影响水分、矿物质、养分的输送。幼苗、幼树患病后很快死亡，大树发病初期不易察觉，后期往往因发病严重而失去防治有利时期。根部病害的危害特点是：①根部病害的病原物在土壤中能长期营腐生生活；②通过主动传播和水流传播，根部相互接触也是根病传播的重要方式；③根部病害往往经过多年后才会造成大面积的侵染，但病菌一旦在绿地中定植下来便很难根除。

　　根部病害地下部分的症状主要表现为皮层腐烂，形成肿瘤、瘿瘤或毛根，腐烂的皮层与木质部间常出现片状、羽状或根状的白色或褐色菌索。地上部分通常表现为叶片色泽不正常，呈淡绿色。展叶延迟，叶形变小，提前落叶，容易发生萎蔫现象，最后全株枯死。整个发病过程往往是渐进的，从初现症状至枯死有时能延续数年之久。

　　引起根部病害的侵染性病原有真菌、细菌、线虫等,非侵染性病原有土壤积水、酸碱度不适、土壤板结、施肥不当。主要种类有苗木立枯病(图6-4-1)、紫纹羽病(图6-4-2)、白绢病(图6-4-3)、根癌病(图6-4-4)、根结线虫病(图6-4-5)等(表6-4-1)。

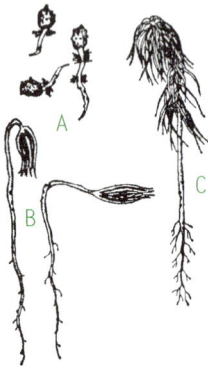

图6-4-1　立枯病症状
A.种芽腐烂型　B.猝倒型
C.立枯型

图6-4-2　紫纹羽病症状

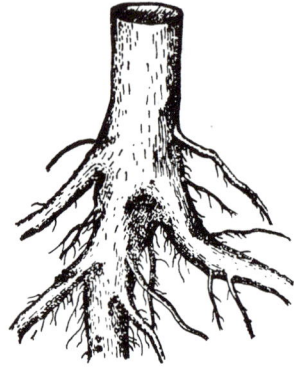

图6-4-3　白绢病病根

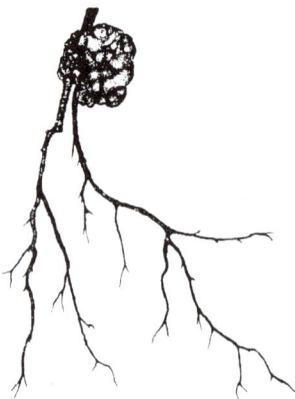

图6-4-4　樱花根癌病症状

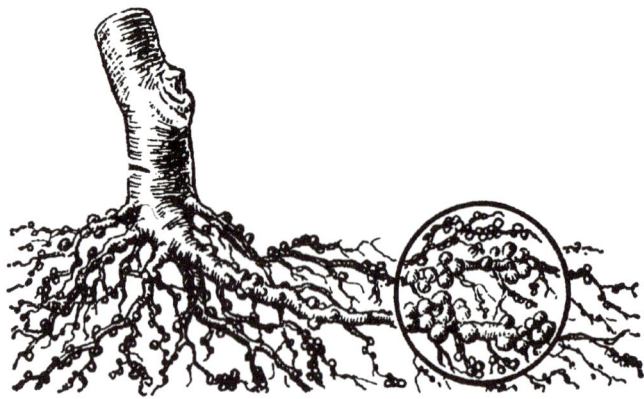

图6-4-5　根结线虫被害状

表 6-4-1　常见根部病害的危害及诊断

病害名称	分布与危害	症状	发病规律
苗木立枯病	全国各地苗圃均有发生,危害松、杉、檫木、香椿、榆树、枫杨、桦树、桑树刺槐等植物的幼苗	常出现 4 种症状类型:①种芽腐烂型:种子或幼芽在出土前受到土壤中病菌的侵染而腐烂,出苗率降低或成块缺苗;②茎叶腐烂型:幼苗出土后,嫩叶和嫩茎感病腐烂,常生出白色丝状物;③幼苗猝倒型:幼苗出土后扎根时期,茎部尚未木质化,病菌自根茎侵入,根茎腐烂、缢缩,苗木迅速倒伏;④苗木立枯型:幼苗出土后,基部已木质化,病菌从根部侵入,使根部腐烂、病苗枯死,但不倒伏;若拔出枯死苗木,根皮脱落,只能拔出木质部	病原菌都是土壤习居菌,有较强的腐生习性,平时生活在土壤中的植物残体上,分别以厚垣孢子、菌核和卵孢子渡过不良环境,遇到合适环境和寄主便侵染致病;病害发生的时期,因各地气候条件不同而有差异,一般在 5—6 月间、幼苗出土后、种壳脱落前这段时间发病最重,一次病程只需要 3 ~ 6 小时,可连续多次侵染发病,造成病害流行
紫纹羽病	分布极为广泛,我国东北各省和河北、河南、安徽、江苏、广东、四川及云南等省均有发生,危害柏、松、刺槐、柳、杨、栎及漆树等树木	典型症状为病根表面呈紫色,病害首先从幼嫩新根开始,逐步扩展至侧根及主根;感病初期,病根表面出现淡紫色疏松棉絮状菌丝体,其后逐渐集结成网状,病根表面为深紫色短绒状红色菌核,病根皮层腐烂,极易剥落,病害扩展到根颈后,菌丝体继续向上延伸,包围干基;叶小发黄,皱缩卷曲,枝条干枯,最后全株枯萎死亡	该病菌为根部习居菌,以菌丝体和菌核潜伏在土壤内,萌发产生的菌丝体集结组成菌丝束在土内或土表延伸,接触健康树木根部后即直接侵入;病害通过树木根部的互相接触而传染蔓延,受害苗木病势发展迅速,很快就会枯死;成年大树受害后,逐渐衰弱,严重感染植株由于根茎部皮层腐烂而死亡
白绢病	分布于我国长江以南各省,危害芍药、牡丹、凤仙花、吊兰、美人蕉、水仙、郁金香、香石竹、菊、福禄考、一品红等	主要发生于植物的根、茎基部,初发生时,病部皮层变褐,逐渐向四周发展,并在病部产生白色绢丝状菌丝,菌丝作扇形扩展,蔓延至附近的土表上,以后在病苗的基部表面或土表的菌丝层上形成油菜籽状的茶褐色菌核;苗木受害后,茎基部及根部皮层腐烂,植物的水分和养分输送被阻断,叶片变黄枯萎,全株死亡	病菌以菌核在病株残体上或土壤中越冬,次年春季土壤湿度适宜时,菌核萌发产生新的菌丝体,侵入植物的根颈部危害;病株菌丝可沿土壤间隙向周围邻近植株蔓延,菌核借苗木或流水传播,高温高湿和积水利于发病,6—9 月为发病盛期
根癌病	国内分布广泛,主要危害樱花、菊花、大丽菊、石竹、天竺葵、桃、月季、蔷薇、梅、夹竹桃、柳、核桃、花柏、南洋杉、银杏、罗汉松等	该病主要发生在根颈处,也可发生在主根、侧根,以及地上部的主干与侧枝上;发病初期病部膨大呈球形或球形瘤状物,幼瘤初为白色,质地柔软,表面光滑,以后肿瘤逐渐增大,质地变硬,褐色或黑褐色,表面粗糙龟裂;发病轻的植株生长缓慢、叶色不正,严重者则引起全株死亡	病原细菌在病瘤内或土壤内的病株残体上生活 1 年以上,由灌溉水、雨水、采条、嫁接工具、地下害虫等传播,病菌从伤口侵入,经数周或 1 年以上出现症状;碱性、湿度大的沙壤土发病率较高,连作有利于病害的发生

续表

病害名称	分布与危害	症状	发病规律
根结线虫病	我国南北各省都有发生，危害楸树、石竹、柳、月季、海棠、桂花、仙人掌、仙客来、凤仙花、菊花、栀子、马蹄莲、唐菖蒲、凤尾兰、百日草、桂花等苗木	被害植株的侧根和支根（主要侵染嫩根），产生许多大小不等的瘤状物，病初表面光滑、淡黄色，后粗糙、质软；剖视可见瘤内有白色透明的小粒状物，即根瘤线虫的雌成虫；病株根系吸收减弱，病株生长衰弱，叶小、发黄，易脱落或枯萎，有时会发生枝枯，严重的整株枯死	病土是最主要的侵染来源，根结线虫的传播主要依靠种苗、肥料、工具、水流，以及线虫本身的移动；在病土内越冬的幼虫可直接侵入寄主的幼根，刺激寄主中柱组织，形成巨型细胞，继而形成根结；虫瘿也可以随同病残体在土中越冬，翌年环境适宜时，越冬卵孵化为幼虫入侵寄主；线虫生存的重要因素是土壤温度和湿度，根结线虫生长，适宜的土壤温度为 15～25℃，土壤含水量为 10%～30%

二、常见园林植物根部病害的防治方法

土壤理化性状与根部病害的发生常有密切关系，积水、干旱、土壤板结、贫瘠等直接影响植株的正常生长，并加重侵染性病害的发生和发展。根部病害应采取以栽培技术为主的综合防治措施，及早发现，及时防治，才能有效控制病情。

（1）选好圃地、改良土壤　改良土壤，加强营林管理，增施有机肥料，可以促进苗木健壮生长和提高抗病力。苗圃地宜设在空气流通、灌溉方便、排水良好、地势开阔而不易淹水和低洼潮湿的地方。土壤质地以沙壤土为好，并要细致整地。土壤肥沃度要适中，农家肥要充分腐熟后施用，避免在前作是感病植物的熟地上育苗。前作若为感病植物，则需进行土壤消毒后再播种。此外，在新垦山地建圃育苗也可有效预防苗木根部病害。

（2）选用抗病品种　选用成熟饱满、品质优良、抗病性强的健康种子，适时播种，加强苗期管理，培育壮苗。此外，采用高床育苗或营养钵育苗也能降低根部病害发生。

（3）加强种子、土壤消毒　种子和圃地土壤消毒对根部病害有显著控制作用。播前宜将种子用 0.5% 高锰酸钾溶液（60℃）浸泡 2 小时后播种。种子可以用 50～55℃左右的温水浸种，或福美双等药剂拌种。播种前可利用阳光暴晒育苗土壤和苗圃，有条件地区可采用高温蒸汽、化学熏蒸剂进行土壤消毒，这些处理还兼有一定的杀虫除草功效。此外，在土壤中拌入多菌灵、五氯硝基苯、敌磺钠等

药剂也是常见的土壤消毒措施。

（4）清理病树和化学防治结合　发现零星病株时，要及时清理病树、挖除病根，可减少或消灭初侵染源。初发病者可直接浇灌药液治疗，或先挖开土壤找到病根，割除后再灌药液或施药土。生产上多用 50% 甲基硫菌灵 400 ~ 800 倍液，50% 多菌灵可湿性粉剂 800 ~ 1 000 倍液进行喷洒或灌根，每隔 10 天喷 1 次，共喷 3 ~ 5 次，防病效果较好。

（5）生物防治　通过人工引入拮抗微生物，利用有益的微生物，通过营养和生态位竞争、抗生作用、寄生作用、溶菌作用及诱导抗性等机制来抑制根部病害，如利用木霉菌、假单胞菌、芽孢杆菌的相关制剂进行喷雾、灌根、拌种来控制病害，国内外均有成功报道。

能力培养

杀菌药土的配制与使用

1. 训练准备

以小组为单位进行杀菌药土的配制与使用。准备 10% 多菌灵可湿性粉剂、75% 五氯硝基苯可湿性粉剂、70% 敌磺钠原粉、65% 代森锌可湿性粉剂、70% 敌磺钠可湿性粉剂，天平、磅秤、量筒、烧杯、塑料桶、塑料袋、塑胶手套等工具和材料。

2. 具体操作

见表 6-4-2。

表 6-4-2　杀菌药土的配制与使用

工作环节	操作规程	操作要求
准备材料和工具	结合当地实际，选择所要配制和使用的杀菌药土种类；准备所要使用的工具，按配比称量所需药品与材料	（1）称量要准确 （2）使用杀菌剂时，要注意安全

工作环节		操作规程	操作要求
配制杀菌药土	多菌灵药土	用10%多菌灵可湿性粉剂，7～8 g/m²与细土混合，药与土的比例为1：200	（1）遵照操作规程，谨慎操作，注意安全 （2）细土最好过筛，以确保所配制的药土能充分混合均匀
	五氯硝基苯混合药土	五氯硝基苯与代森锌或敌磺钠的比例为3：1，将按此比例混合均匀的药剂取4～6 g/m²，再与细土按1：100混匀即可	
	敌磺钠药土	70%敌磺钠原粉2 g/m²，与细黄心土按1：200拌匀，制成杀菌药土	
撒施杀菌药土		（1）播种期施于播种沟内 （2）发病期将苗木根部土壤稍疏松后，均匀撒于苗木根颈部 （3）填写表6-4-3中的前四项	（1）做好防护措施 （2）小组成员密切配合，发挥团队精神
结果分析		杀菌药土撒施结束后观察防治效果，并填写表6-4-3中的"防治效果"一栏，将观察到的特殊现象填入"备注"一栏，将资料归档	根据治疗效果提出改进措施

表6-4-3　园林植物根部病害防治记录表

地块序号	寄主	病害名称	杀菌药土种类	防治效果	备注

随堂练习

1. 防治苗木立枯病、紫纹羽病、白绢病、根癌病和根结线虫病等根部病害，应该做好哪些工作？
2. 当地常见的园林植物根部病害有哪些？其典型症状及发病规律怎样？
3. 简述杀菌药土的用途与配制方法。

项目小结

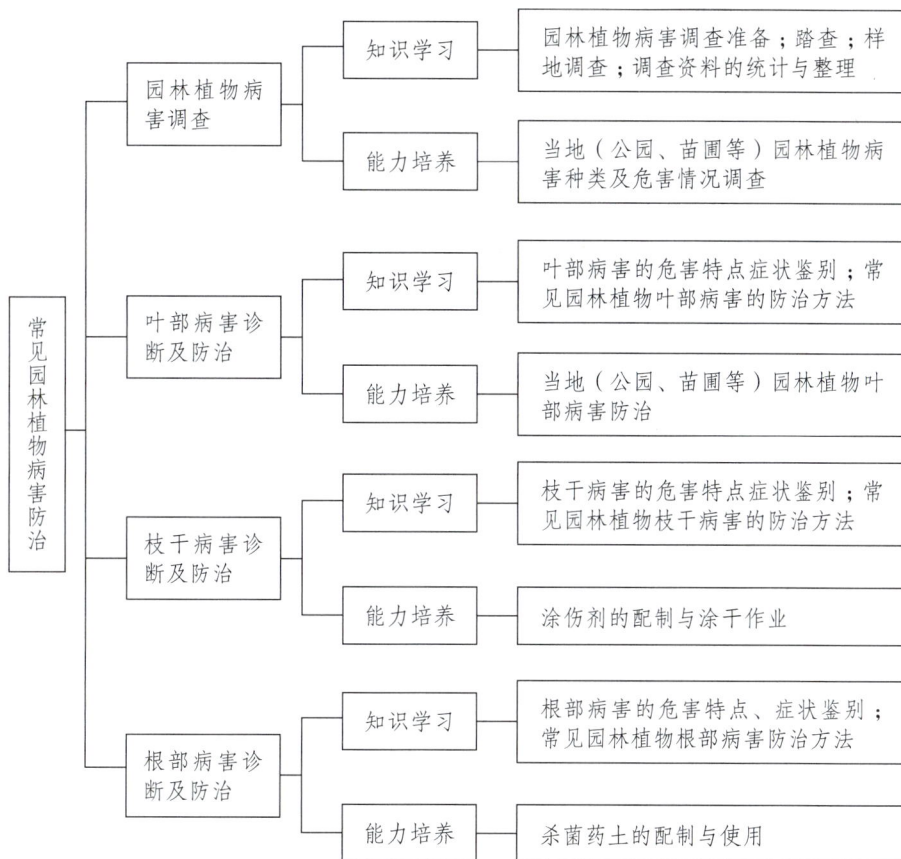

项目测试

一、名词解释

普查　专题调查　发病率　病情指数

二、填空题

1. 园林植物病害调查可分为 ＿＿＿＿＿＿ 和 ＿＿＿＿＿＿。

2. 园林植物病害调查方法一般分 ＿＿＿＿＿＿、＿＿＿＿＿＿、＿＿＿＿＿＿ 和 ＿＿＿＿＿＿ 等四步进行。

3．抽样调查时，一般 _____ m² 一个样地，样地面积一般应占调查总面积的 _____。

4．病情指数又称 _____，在 _____ 之间，其既表明病害发生的 _____，又表明病害发生的 _____。

5．园林植物叶部病害种类繁多，主要症状类型有 _____、_____ 和 _____ 等。

6．叶斑病是叶片组织受 _____ 侵染，导致出现各种形状 _____ 的总称。在园林植物上常见的有 _____、_____、_____、_____ 等。

7．炭疽病由 _____ 和 _____ 属真菌引起，其主要症状特点是子实体呈轮状排列，在潮湿情况下病部有 _____ 出现。

8．叶畸形病主要是由 _____ 和 _____ 真菌引起的。寄主受病菌侵害后组织 _____，使叶片 _____、_____、_____，果实肿大，引起落叶、落果，严重的引起枝条枯死，影响观赏效果。

9．园林植物枝干病害的主要症状类型有 _____、_____、_____ 和 _____ 等。

10．园林植物根部病害的主要症状类型有 _____、_____、_____ 和 _____ 等。

11．杨树溃疡病有 _____ 和 _____ 两种症状表现。

三、选择题

1．以下病害由病毒引起的是（　　　）。

　　A．桃缩叶病　　　B．藻斑病　　　C．菊花矮化病　　　D．杜鹃饼病

2．以下锈病中单主寄生的是（　　　）。

　　A．竹叶锈病　　　B．毛白杨锈病　C．玫瑰锈病　　　D．海棠锈病

3．以下病害由担子菌引起的是（　　　）。

　　A．月季白粉病　　B．杜鹃饼病　　C．桃缩叶病　　　D．山茶煤污病

4．唐菖蒲花叶病的病原为（　　　）。

　　A．细菌　　　　　B．真菌　　　　C．病毒　　　　　D．植原体

5．引起阔叶树毛毡病的病原物是（　　　）。

　　A．瘿螨　　　　　B．担子菌　　　C．外囊菌　　　　D．蚜虫

6．引起园林植物丛枝症状的病原物是（　　）。

　　A．植原体　　　　　B．线虫　　　　　C．真菌　　　　　D．细菌

7．下列不属于枝干病害的有（　　）。

　　A．松疱锈病　　　B．泡桐丛枝病　　C．松材线虫病　　　D．松针锈病

8．下列不属于寄生性种子植物危害的有（　　）。

　　A．菟丝子害　　　B．槲寄生害　　　C．桑寄生害　　　D．瘿螨害

9．下列不属于根部病害的是（　　）。

　　A．紫纹羽病　　　B．白绢病　　　　C．松材线虫病　　　D．根癌病

10．下列病害中，由病毒引起的是（　　）。

　　A．桃缩叶病　　　B．美人蕉花叶病　C．杨破腹病　　　D．杜鹃饼病

11．杨树烂皮病的病原为（　　）。

　　A．炭疽菌　　　　B．黑腐皮壳菌　　C．丝核菌　　　　D．镰刀菌

四、简答题

1．园林植物叶部病害的危害特点是什么？

2．怎样防治锈病？

3．当地常见的园林植物病害有哪些？其典型症状及发病规律怎样？

4．如何开展园林植物病害的综合治理工作？如何结合实际进行操作？

5．园林植物枝干病害、根部病害的危害特点是什么？

6．简述杨树烂皮病和杨树溃疡病的区别。

7．当地常见的园林植物枝干病害有哪些？各有何诊断特征？

五、综合分析题

1．针对校园内园林植物病害发生现状，谈谈如何组织防治？

2．请结合你所在城市的园林、苗圃，结合对当地常见园林植物病害的调查，写出综合防治建议。

园林植物病害
预测预报

项目 6 链接

参 考 文 献

［1］萧刚柔. 中国森林昆虫. 2版. 北京：中国林业出版社，1992

［2］郑乐怡等. 昆虫分类（上、下册）. 南京：南京师范大学出版社，1999

［3］黄少彬. 园林植物病虫害防治. 2版. 北京：高等教育出版社，2012

［4］雷朝亮，荣秀兰. 普通昆虫学. 北京：中国农业出版社，2003

［5］南开大学等五校合编. 昆虫学（上、下册）. 北京：高等教育出版社，1980

［6］邵力平. 真菌分类学. 北京：中国林业出版社，1984

［7］魏景超. 真菌鉴定手册. 上海：上海科学技术出版社，1979

［8］徐明慧. 园林植物病虫害防治. 北京：中国林业出版社，1993

［9］蔡平，祝树德. 园林植物昆虫学. 北京：中国农业出版社，2003

［10］朱天辉. 园林植物病理学. 北京：中国农业出版社，2003

［11］G.N. Agrios. 植物病理学（中译本）. 北京：中国农业出版社，1995

［12］黄少彬，孙丹萍，朱承美. 园林植物病虫害防治. 北京：中国林业出版社，
     2000

［13］周继汤. 新编农药使用手册. 哈尔滨：黑龙江科学技术出版社，1999

［14］田世尧. 新农药使用技术问答. 广州：广东科技出版社，2000

［15］赵善欢. 植物化学保护. 北京：中国农业出版社，2003

［16］南开大学等. 昆虫学. 北京：高等教育出版社，1987

［17］关继东. 森林病虫害防治. 北京：高等教育出版社，2002

［18］李瑞龙，杨春生，侯昭健. 白僵菌的使用方法. 中国林业，2007，7A：47

［19］吉原香，周宏平，茹煜. 新型复合式昆虫诱捕器的研制. 中华卫生杀虫药械，
     2012，18（1）：5-7

［20］金佳鑫等. 影响昆虫性信息素诱捕效果的因子. 华中昆虫研究，2008，5：34-37

［21］陈岭伟. 园林植物病虫害防治. 北京：高等教育出版社，2002

［22］黄少彬. 园林植物病虫害防治. 北京：高等教育出版社，2006

［23］岑炳沾，苏星. 景观植物病虫害防治. 广州：广东科技出版社，2003

［24］徐公天. 园林植物病虫害防治原色图谱. 北京：中国农业出版社，2003

［25］邱强，赵世伟，郭翎，等. 花卉与花卉病虫原色图谱. 北京：中国建材工业

出版社，1999

[26] 杨子琦，曹华国. 园林植物病虫害防治图鉴. 北京：中国林业出版社，2002

[27] 徐明慧. 花卉病虫害防治. 北京：金盾出版社，1993

[28] 王善龙. 园林植物病虫害防治. 北京：中国农业出版社，2001

[29] 上海市园林学校. 园林植物保护学（上、下册）. 北京：中国林业出版社，1990

[30] 北京林学院. 林木病理学. 北京：中国林业出版社，1981

[31] 许志刚. 普通植物病理学. 北京：中国农业出版社，1997

[32]《森林病虫害防治法》编写组. 森林病虫害防治法. 北京：中国林业出版社，
    1991

[33] 田世尧. 新农药使用技术问答. 广州：广东科技出版社，2000

[34] 周继汤. 新编农药使用手册. 哈尔滨：黑龙江科学技术出版社，1999

[35]《森林植物检疫》编写组. 森林植物检疫. 北京：中国林业出版社，1999

[36] 张连生，贺振. 花卉病虫害防治. 天津：天津科学技术出版社，1984

[37] 王瑞灿，孙企农. 观赏花卉病虫害. 上海：上海科学技术出版社，1987

[38] 赵怀谦，詹天来. 园林病虫害防治. 北京：中国建筑工业出版社，1997

[39] 赵善欢. 植物化学保护. 北京：中国农业出版社，2003

[40] 杨旺. 观赏植物病虫草害. 北京：中国林业出版社，2000

[41] 吴小芹，吴少华. 鲜切花病虫害防治技术. 北京：科学技术文献出版社，2000

[42] 刘仲健，罗焕亮. 植原体病理学. 北京：中国林业出版社，1999

[43] 李怀方，刘凤权，黄丽丽. 园艺植物病理学. 2版. 北京：中国农业大学出版
    社，2009

[44] 孔宝华，蔡红. 花卉病毒病及防治. 北京：中国农业出版社，2003

[45] 邱强. 花卉病虫实用原色图谱. 郑州：河南科学技术出版社，2001

[46] 张宝棣. 园林花木病虫害诊断与防治原色图谱. 北京：金盾出版社，2002

[47] 郑进，孙丹萍. 园林植物病虫害防治. 北京：中国科学技术出版社，2003

[48] 广西壮族自治区农业学校. 植物保护学总论. 北京：中国农业出版社，1996

[49] 张文吉. 新农药应用指南. 北京：中国林业出版社，1995

[50] 赵桂芝. 百种新农药使用方法. 北京：中国农业出版社，1997

[51] 徐映明，郑斐能. 国产农药应用手册. 北京：中国农业科技出版社，1990

[52] 农业部农药检定所. 新编农药手册. 北京：农业出版社，1989

［53］赵怀谦，赵宏儒，杨志华. 园林植物病虫害防治手册. 北京：农业出版社，1994

［54］徐公天，庞建军，戴秋惠. 园林绿色植保技术. 北京：中国农业出版社，2003

［55］王运兵，吕印谱. 无公害农药实用手册. 郑州：河南科学技术出版社，2004

［56］李清西，钱学聪. 植物保护. 北京：中国农业出版社，2002

［57］许智宏. 面向 21 世纪的中国生物多样性保护. 第三届全国生物多样性保护与持续利用研讨会论文集. 北京：中国林业出版社，2000

［58］程亚樵，丁世民. 园林植物病虫害防治. 2 版. 北京：中国农业大学出版社，2011

［59］张中社，江世宏. 园林植物病虫害防治. 2 版. 北京：高等教育出版社，2010

［60］张随榜. 园林植物保护. 2 版. 北京：中国农业出版社，2008

［61］许再福. 普通昆虫学. 北京：科学出版社，2009

［62］梁爱萍. 关于停止使用"Homoptera"目名的建议. 昆虫知识，2005，42（3）：332-337

［63］武三安，张润志. 威胁棉花生产的外来入侵新害虫——扶桑棉粉蚧. 昆虫知识，2009，46（1）159-162

［64］刘东明，伍有声，高泽正，等. 曲纹紫灰蝶生物学特性及其防治. 林业科技，2004，29（2）：24-26

［65］LY/T 1867—2009. 松褐天牛引诱剂使用技术规程. 国家林业局，2009

［66］LY/T 1915—2010. 诱虫灯林间使用技术规范. 国家林业局，2010

郑重声明

读者意见反馈

为收集对教材的意见建议，进一步完善教材编写并做好服务工作，读者可将对本教材的意见建议通过如下渠道反馈至我社。

咨询电话　400-810-0598

反馈邮箱　zz_dzyj@pub.hep.cn

通信地址　北京市朝阳区惠新东街4号富盛大厦1座

　　　　　高等教育出版社总编辑办公室

邮政编码　100029

防伪查询说明

用户购书后刮开封底防伪涂层，使用手机微信等软件扫描二维码，会跳转至防伪查询网页，获得所购图书详细信息。

防伪客服电话

（010）58582300

学习卡账号使用说明

一、注册/登录

访问http://abook.hep.com.cn/sve，点击"注册"，在注册页面输入用户名、密码及常用的邮箱进行注册。已注册的用户直接输入用户名和密码登录即可进入"我的课程"页面。

二、课程绑定

点击"我的课程"页面右上方"绑定课程"，在"明码"框中正确输入教材封底防伪标签上的20位数字，点击"确定"完成课程绑定。

三、访问课程

在"正在学习"列表中选择已绑定的课程，点击"进入课程"即可浏览或下载与本书配套的课程资源。刚绑定的课程请在"申请学习"列表中选择相应课程并点击"进入课程"。

如有账号问题，请发邮件至：4a_admin_zz@pub.hep.cn。

彩图 1　直翅目

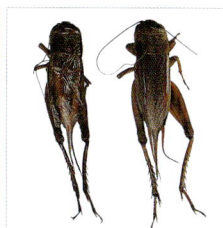

蝗科　　　　　　　　　　蝼蛄科　　　　　　　　　　蟋蟀科

彩图 2　等翅目（白蚁）

彩图 3　半翅目

蝉科　　　　　　　　叶蝉科　　　　　　　　蜡蝉科

木虱科　　　　粉虱科　　　　蚜总科　　　　　　蚧总科

蝽科　　　　　　　　　　缘蝽科　　　　　　　　　　网蝽科

彩图 4　缨翅目（蓟马）

彩图 5　鞘翅目

瓢甲科　　　　　　　　　　叶甲科　　　　　　　　　　小蠹科

天牛科　　　　　　　　　　金龟总科　　　　　　　　　　象甲科

彩图 6　鳞翅目

夜蛾科

天蛾科

尺蛾科

螟蛾科

斑蛾科

毒蛾科

凤蝶科

粉蝶科

枯叶蛾科

彩图 7　膜翅目

蜜蜂总科

三节叶蜂科

蚁科

彩图 8　双翅目

寄蝇科

食虫虻科

食蚜蝇科

彩图 9　展翅板

彩图 10　农药种类标识色带

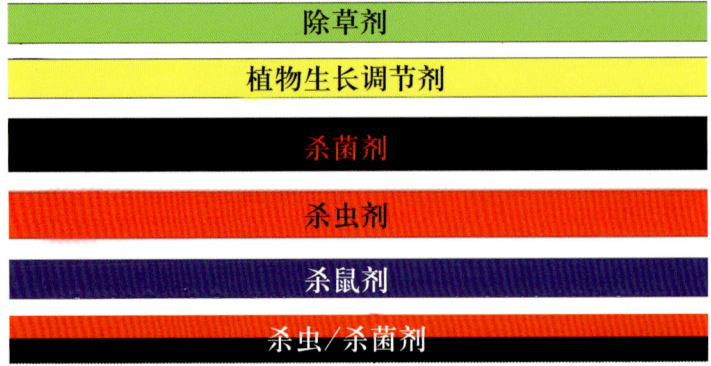

彩图 11　曲纹紫灰蝶

危害状

卵

蛹

幼虫

成虫

彩图 12　马尾松毛虫

卵

幼虫

茧

蛹

成虫

彩图 13　吹绵蚧

彩图 17　松突圆蚧

彩图 14　草履蚧

彩图 18　日本龟蜡蚧

彩图 15　埃及吹绵蚧

彩图 16　红蜡蚧

彩图 19　日本松干蚧

幼树枝干弯曲

松树枝梢下垂

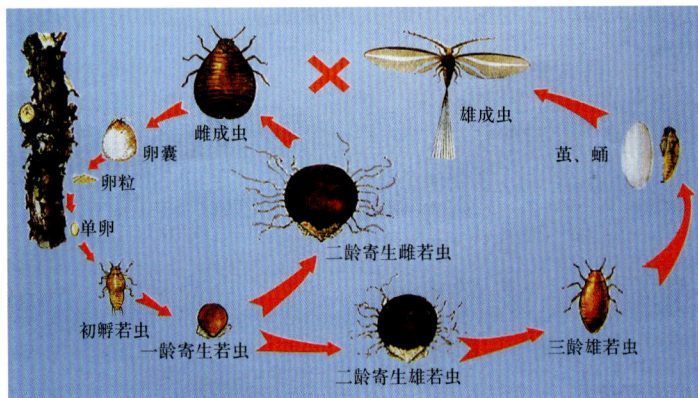

日本松干蚧形态特征及其生活史

彩图 20　桑白盾蚧

桑白盾蚧雌介壳

枝干被害状

彩图 21　扶桑棉粉蚧

彩图 22　桃蚜

彩图 23　月季长管蚜

彩图 24　棉蚜

彩图 25　梧桐木虱

彩图 26　柑橘木虱

彩图 27　温室白粉虱

彩图 28　黑刺粉虱

彩图 29 　麻皮蝽

彩图 32 　红棕象甲

成虫

彩图 30 　杜鹃冠网蝽

幼虫

彩图 31 　榕管蓟马危害状

茧及蛹

彩图 33　常见病状类型

瘤肿

皱缩

斑点

枯萎

丛枝

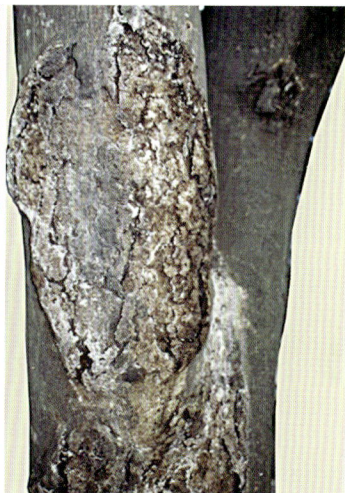

溃疡

毛毡

流胶

黄化

彩图 34　常见病症类型

霉状粉　　　　　　　白粉

煤污　　　　　　　锈粉

黏状物　　　　　　蕈体

彩图 35　波美计

波美计　　　测量波美度

彩图 36　月季白粉病

彩图 37　黄栌白粉病

彩图 38　煤污病

彩图 39　仙客来灰霉病

彩图 40　月季黑斑病

彩图 41　菊花褐斑病

彩图 42　桂花褐斑病

彩图 43　草坪草褐斑病

彩图 44　山茶藻斑病

彩图 45　兰花炭疽病

彩图 46　山茶炭疽病

彩图 47　桃缩叶病

彩图 48　荔枝毛毡病

彩图 49　合欢破腹病

彩图 50　竹丛枝病

彩图 51　松材线虫病

彩图 52　合欢枯萎病

彩图 53　菟丝子害

彩图 54　桑寄生害